Tayfun Fındık

Paslanmaz Çeliklerin MIG Kaynağındaki Isı Transferinin Modellenmesi

Tayfun Fındık

Paslanmaz Çeliklerin MIG Kaynağındaki Isı Transferinin Modellenmesi

Türkiye Alim Kitapları

Impressum / Künye
Bibliografische Information der Deutschen Nationalbibliothek: Die Deutsche Nationalbibliothek verzeichnet diese Publikation in der Deutschen Nationalbibliografie; detaillierte bibliografische Daten sind im Internet über http://dnb.d-nb.de abrufbar.

Deutsche Nationalbibliothek tarafından yayınlanan bibliyografik bilgiler: Deutsche Nationalbibliothek, bu yayını Deutsche Nationalbibliografie'de listeler; detaylı bibliyografik bilgi İnternet'te http://dnb.d-nb.de sitesinde mevcuttur.

Coverbild / Kitap kapağı resmi: www.ingimage.com

Verlag / Yayıncı:
Türkiye Alim Kitapları
ist ein Imprint der / yayınevinin bir ticari markasıdır
OmniScriptum GmbH & Co. KG
Bahnhofstraße 28, 66111 Saarbrücken, Deutschland / Almanya
Email / E-posta: info@omniscriptum.com

Herstellung: siehe letzte Seite /
Basım yeri: son sayfaya bakın
ISBN: 978-3-639-81361-6

PASLANMAZ ÇELİKLERİN MİG KAYNAĞINDAKİ ISI TRANSFERİNİN MODELLENMESİ

Dr. Tayfun FINDIK

MAYIS 2016
ANKARA

PASLANMAZ ÇELİKLERİN MİG KAYNAĞINDAKİ ISI TRANSFERİNİN MODELLENMESİ

ÖZET

Kaynak havuzunda ısı transferinin, ergime bölgesinin etkili olduğu sıcaklık alanının ve termal dalgalanmaların kaynak metalinde ve ana malzemedeki makro ve mikro yapıyı etkilediği bilinmektedir. Bu etki malzemelerin mekanik özelliklerini de etkilemektedir. Bu etkiler ancak deneysel çalışmalar sonucunda incelenebilmekte fakat endüstri uygulamaları buna her zaman imkân vermemektedir. Bu çalışmada, 304 tipİ östenitik paslanmaz çeliklerde Metal İnert Gaz (MIG) kaynağı sırasında oluşan ısıl etkileri incelemek için, dört farklı kaynak hızında parçalar kaynatıldıktan sonra makro ve mikroyapı incelemelerinin yanı sıra sertlik incelemeleri de yapılmıştır. Sonlu elemanlar metodunu kullanan ANSYS programında deneysel şartlara uygun 3 boyutlu modellemeler yapılmış ve deneysel sonuçlarla mukayese edilmiştir.

Kaynak metalinin sıcaklık ölçümleri 10 farklı noktadan lazer ışını ile sıcaklık ölçen infrared ölçüm yöntemi ile ana malzeme sıcaklık ölçümleri ise K tipi ısıl çift kullanılarak yapılmıştır. Deneysel çalışmalarda kaynak arkı başladığında kaynak dikişi yapılacak olan 100 mm'lik kaynak dikişi mesafesinin son noktasında henüz daha ark ısısının etkili olmadığı görülmüştür. Benzer şekilde kaynak arkı son noktaya ulaştığında başlangıç noktasının hızla soğuyarak düşük sıcaklıklara ulaştığı görülmüştür. Bu nedenle sonlu elemanlar tabanlı ANSYS programında 100 mm'lik kaynak metali dikiş mesafesi 10 eşit parçaya bölünerek analiz yapılmıştır. Arkın kaynak dikişi üzerinde geldiği alana, lazer yöntemi ile ölçülen ark sıcaklığı olan 2200^{0}C tanımlanmış ve bu sıcaklıktan soğumaya başlatılmıştır. Bir sonraki adımda bir önceki adımın sonuç değerleri başlangıç şartları olarak tanımlanmıştır.

Bilindiği gibi malzemelerin ısıl özellikleri sıcaklığa göre değişim göstermektedir. Bu sebeple ANSYS programına 304 tipi paslanmaz çelik malzemenin özellikleri

tanımlanırken sıcaklığa bağlı olarak tanımlanmıştır. Bu özelliklerde malzemenin ergime ve katılaşma aralığındaki enerji değişimi gösterilmiştir.

Kaynak esnasındaki ısıl gerilimleri görmek için deneysel olarak elde edilen sıcaklık değerleri kullanılarak ANSYS programında yapısal analizler yapılmıştır.

Deneysel ve ANSYS sonuçları karşılaştırıldığında sonuçların birbiri ile oldukça benzer olduğu görülmüştür. ANSYS sonuçlarının deneysel sonuçlarla uyumlu olması malzeme özelliklerinin, başlangıç ve sınır şartlarının ANSYS programına çok iyi tanımlanmasına bağlıdır.

MODELLING OF HEAT TRANSFER IN THE MIG WELDING OF STANINLESS STEEL

ABSTRACT

It is known that heat transfer in weld pool, thermal waving and heated zone in the zone, which is affected by melting, affect the macro and micro structures. That phenomenon effects on the mechanical properties of materials. These effects can only be examined by experimental studies. However, industrial applications may not make possible to examine of these effects in every case. In this study, 304 type stainless steel was welded in four different welding speeds by MIG welding, and effects of heat on macro and micro structures and hardness were examined. 3D simulations in accordance with the experimental procedure by using ANSYS software were made and the results were compared.

Temperature measurements of weld metal were taken from 10 different points by using infrared temperature measurement probe. The temperatures of base metal were measured by using K type thermocouples. The firs measurement, which was taken just after the first arc, showed that the temperature of the other end point of welding line, which is in 100 mm distance, was not increased. Once the weld reached on to the other

end point, the starting point of weld line decreased dramatically to the lower temperatures. For this reason, the temperature distribution analysis of the weld line was carried out by dividing the whole weld line into the 10 equal sections for the ANSYS software. The arc point was determined as to be 2200 °C, which was measured by laser method, and then the section was left for cooling from this temperature. To analysis the every section, the result of the previously welded section was taken as the starting values.

As it is known, the thermal properties of materials vary with temperatures. For this reason, the properties of 304 stainless steels were introduced to the ANSYS software depending on temperature. Energy changes between interval of melting and solidification temperatures were also introduced.

To see the thermal stresses during the welding, structural analyses made in the ANSYS software using results of temperature obtain as experimental.

When the experimental and modeling results were compared, they were found as similar. To get a similar result from ANSYS analysis depends on the introducing of material properties and boundary conditions very well.

İÇİNDEKİLER

Sayfa

ÇİZELGELERİN LİSTESİ

Çizelge

ŞEKİLLERİN LİSTESİ

Şekil

Şekil

RESİMLERİN LİSTESİ

Resim **Sayfa**

SİMGELER VE KISALTMALAR

Bu çalışmada kullanılmış bazı simgeler ve kısaltmalar, açıklamaları ile birlikte aşağıda sunulmuştur.

Simgeler	**Açıklama**
A	alan (m^2)
B	manyetik alan yoğunluğu(Wb m^3)
[B]	yer değiştirme matrisi
c	spesifik ısı (J /kg K)
[D]	rijitlik matrisi
E	voltaj
$\dot{E}_s$	malzemede depolanan enerji miktarı
F	elektromanyetik kuvvet
h	taşınımla ısı transfer katsayısı (W/m^2 K)
H	ısı girişi (J/s)
I	Amper (A)
I	potansiyel enerji
J	akım yoğunluğu (A/ m^2)
k	termal iletim katsayısı(W/mK)
k_x	X yönündeki termal iletim katsayısı(W/mK)
k_y	Y yönündeki termal iletim katsayısı(W/mK)
k_z	Z yönündeki termal iletim katsayısı(W/mK)
[K]	Isıl iletim matrisi
P	ısı kaynağından alınan toplam enerji
q	ısı akısı(W/m^2)
t	zaman (s)
T	sıcaklık (K)
$T\infty$	çevre sıcaklığı

Simgeler	**Açıklama**
[T]	Sıcaklık matrisi
[P]	yük matrisi
u	düğümsel yer değiştirmedir
ν	kaynak hızı(m/s)
V	malzemenin hacmi (m^3)
ε	gerinim
ε	gri yapılar için geçirgenlik katsayısı
ή	ısı transfer etkisi azalması
σ	Stefan-Boltzmann sabiti (W/m^2K^4)
σ	gerilim
α	termal difizüvite
ρ	yoğunluk (g/cm^3)

Kısaltmalar	**Açıklama**
ANSYS®	Swanson Analysis System, Inc.tarafından geliştirilen sonlu elemanlar analiz programı
FEM	Finite Element Analysis
ITAB	Isı Tesiri Altındaki Bölge
MAG	Metal Aktif Gaz
MIG	Metal İnert Gaz
SEY	Sonlu Elemanlar Yöntemi

1. GİRİŞ

Metal parçalarının birleştirilmeleri çeşitli metotlarla yapılabilir. Metot ne olursa olsun hem ısı ve kuvvet hem de ısı ve kuvvetin bileşimi birleştirme işlemi için gereklidir. Ergitme kaynak işleminde, malzemelerin hızlı bir şekilde ısıtılması için yoğun bir ısı kaynağı kullanılır. Kaynak havuzunda ısı transferi, ergime bölgesinin etkili olduğu sıcaklık alanı ve termal dalgalanmalar kaynak metalinde makro ve mikroyapıyı etkiler.

Kaynak havuzunun etrafı katı bir alan ile çevrilidir. Termal dalgalanmalar katı hal faz geçişine ve tane yapısının değişmesine yol açabilir. Tane yapısı ve faz dönüşüm olyaları, kaynak sırasında maksimum sıcaklığın yanı sıra ısınma ve soğuma süresinin fonksiyonu olarak kaynak işleminde karşılıklı etki yapar.

MIG/MAG bir ergitme kaynak yöntemidir. Ark ısısı bu ergitme birleştirme işleminde gereklidir. Bu hareketlilik ve yüksek odaklı elektrik arkı oldukça yüksek sıcaklıklardaki bir işlemdir. İki metal plaka MIG/MAG kaynak işlemi ile birleştirildiği zaman, sadece birleştirme ve kaynak bölgesindeki küçük bir bölge olarak adlandırılamaz. Çünkü kaynaklanan bölgenin etrafında ısıdan etkilenen ve metallerin yeniden kristalleşme sıcaklıklarına kadar yükselen ve hatta daha da yükseklere çıkan geniş bir alan oluşmaktadır. Kaynak bölgesi kaynak işleminden sonra çok hızlı soğurken, kaynak alanı etrafındaki bölgelerde ısı iletimi yoluyla ısınır. Bu durumda ısı tesiri altında kalan ve malzemenin fiziksel özelliklerini de önemli oranda etkileyecek ana malzemede de mikroyapı değişimleri görülür.

Ergitmeli kaynak yöntemlerindeki çalışmalar kaynağın metalürjik özellikleri, ark ısısının etkisiyle gelişen kalıntı gerilmeler, ana metaldeki distorsiyon, fiziksel ve kaynak havuzunun korunma ve oluşma ile arkın davranışı gibi önemli yönlerini kapsar. Bu aktivitelerin tamamı kaynak yapısı ve kaynağın bütünlüğünü iyileştirmedeki amaçlardır. Mikroyapısal değişimler ve bir kaynak yapısındaki distorsiyon ve kalıntı gerilmelerin oluşumu kaynak yöntemlerinde termal dönüşümlerin temelini oluşturur. Termal dönüşümler ITAB'ın geometrisi ve kaynak nüfuziyetindeki bilgileri sağlar. Bununla birlikte termal dönüşümlerin kontrolü kaliteli bir kaynağın kritiğidir.

Bilgisayar tabanlı matematik simülasyonu modelleri, kaynak mühendisleri için gerekli takımları arttıracak deneysel masraflara ihtiyaç duymaksızın sonuçları tahmin edebilir. Bu modellerin geliştirilmesi, Roscnthal tarafından analitik çözümlemelerle 1940'larda başlamış, ancak 1980'lerde güçlü bilgisayar hamlesiyle hız kazanmıştır [1]. Goldak çalışmasında, kaynak mühendislerinin kaynak havuzu hakkındaki bilgilerini basit bir yolla göstermek istemiş, ancak bu çalışma basit bir problemden daha uzun ve günümüzdeki birçok metoddan deneysel verilerin regresyon analizinden daha güvenilir olmuştur [2]. Bununla birlikte geliştirilen nümerik modeller yöntemlerin anlaşılabilmesi, geliştirilmesi, kontrolü ve verimliliğinde bir artış sağlamıştır.

Kaynaktaki matematiksel modelleme, bir eşitlik kurarak kaynak işlemini tanımlamaktır. Matematiksel modellemeler, işlem parametreleri ile kaynaklama sonrasındaki metalürjik özellikleri ve yapılar arasındaki ilişkiyi gösterebilir. Kaynaktaki işlem parametrelerini ve optimum kaynak şartlarını tanımlamaya yardımcı olabilir. Bazı modellerin doğruluğu, yapıdaki gerilim analiz modellerini ve ısı transferini tanımlamak için kullanılan verilerin doğruluğuna bağlıdır. Nümerik modelleme ile yapılan sonuçların geçerli olması ve verilerin mukayesesi için deneysel verilerle birleştirilmesi gerekir. Kaynak işleminde gerilme dağılımı ve geçiş sıcaklık dağılımı birbirine bağlıdır. Kaynak işlemindeki plastik deformasyon nedeni ile üretilen ısı, kaynak arkından oluşan ısı ile karşılaştırıldığında ihmal edilebilir seviyededir [3].

Diğer mühendislik problemleri gibi kaynağın matematiksel formülasyonu basit olabilir. Malzeme özellikleri, sınır şartları ve başlangıç bilgileri ark kaynağında termal bir problemi formüle etmek için gereklidir. Problemi tam olarak modellemek sıcaklık dağılımlarına bağlı olduğu için malzeme özellikleri gereklidir. Bu durum problemlerdeki karmaşıklığın ana nedenidir. Ancak bu varsayımla termal modelleme de gerçek problemi tasvir etmek yeterli olmayabilir. Gerçekte malzeme özellikleri ve diğer varsayımlar sonuçları doğrudan etkileyeceğinden matematiksel formülasyonda analitik çözüm için gereklidir.

Modellemelerde ideal kaynak şartlarının oluşturulması, kaynatılacak plaka içinde ısı iletimi için analitik çözümlemelerle termal dönüşümlerin hesaplanmasındaki ilk girişimlerde yarı sonsuz olarak ve ısı kaynağı çizginin basit bir noktası tarafından temsil edilir olarak varsayılır. Çözüm için varsayımlardaki bu sınırlamaların hemen, hemen hepsi analitik çözümlemelerin doğruluğunda ve ısı iletim denklemlerinin çözümünde doğrudan nümerik metotlar kullanmayı zorlaştırır. Doğrusal olmayan, sıcaklık ve difüzyon modellemede bağımsız olarak kullanılabilir ve faz değişimlerindeki gizli ısı ayrılabilir. Günümüzde nümerik modellemelerde genellikle ark kaynağının karmaşık bir ısı kaynağı temsili ile geçici ısı rejimi olarak kaynak yöntemlerinde göz önüne alınan çözüm yöntemi sonlu elemanlar metodudur. Bu yaklaşım tek bir enerji-denge eşitliği için bir çözümün zorluğunu azaltır. Arkın nümerik olarak temsili ısı akışının nasıl olacağı hakkında oluşum ve ilave olarak kaynak havuzunun son şekline etki eden hem kaynak havuzundaki kütle akışı hem de ergiyik metal içindeki ısı yayınımı akışı modellemede dikkate alınmak zorundadır.

Son yıllarda kaynak esnasında oluşan ergime bölgesinin ve ısı transferinin etkilediği bölgedeki makro ve mikroyapının analizi konusunda çalışmalar yapılmakla beraber özellikle üç boyutlu çalışmalar konusunda çok fazla çalışma bulunmamaktadır. Fakat bunun yanında kaynak esnasındaki mikroyapının modellenmesi [4], karakteristiği, kaynak havuzundan alaşımların buharlaşması [5,6], kaynak metalindeki çözülmeyen gazlar [7,8] konusunda literatürde çalışmalar bulunmaktadır.

Kaynak esnasında oluşan termal dalgalanmalar ve kaynak geometrisinin tahmini için kaynak havuzundaki ergime bölgesinin ve ısı transferinin detaylı olarak anlaşılması gerekmektedir. Son yıllarda, kaynak havuzundan iletilen ısı transferinin önemi vurgulanmaktadır. Matematiksel modellemede ısı iletimi için önemli olan faktörler ise yüzey geriliminin değişimi, elektromanyetik ve sınır kuvvetleridir. Birçok araştırmada kaynak havuzundaki ergime bölgesinin yapısı düzgün varsayılır. Fakat deneysel incelemeler ve teorik hesaplamalarda belirtildiği gibi kaynak havuzu ergime bölgesinde düzgün olmaktan çok, düzensiz bir oluşum söz konusudur [9]. Başlangıçta bazı araştırmacılar hareketli akışın iki boyutlu olduğunu göz önüne alarak kaynak havuzundaki ergime bölgesi ve ısı transferini modellemeye çalışmışlardır [10,11]. Bu çalışmlar, kaynak havuzunun ilerleme hızı ve sıcaklık tahmininin hesaplanmasında hareketin etkisinin göz önünde bulundurulması gerektiğini göstermiştir.

Kaynak havuzundaki hareketin modellenmesi çalışmaları 2 boyutlu olarak başlamıştır [10,11]. Bu hesaplamalar kaynak havuzundaki ergime bölgesi ve ısı transferinin tamamının tanımlanmasını sağlayamayacağı düşünülmüştür. Ayrıca termal ve 3 boyutlu sıcaklık alanları mikroyapının gelişiminin gerçek hesaplamalarına ihtiyaç vardır. Ayrıca kaynakta 3 boyutlu bir ısı türbülansı, termal akış modeli, mikroyapı gelişimi, kaynak havuzunda ısı akış ve ısı transferinin gerçek simülasyonunu başarmak için gereklidir.

Kaynak esnasında hem ITAB'da hem de ısı akış bölgesinde çeşitli katı hal geçişi oluşmaktadır. Bu geçişler çoğunlukla termal alana ve malzemenin kimyasal kompozisyonuna bağlıdır. Kaynak esnasında oluşan katı hal fazları dört grupta incelenebilir [12]. 1- difüzyon içeren faz değişimleri, 2- yer değişimsiz geçiş içeren faz değişimleri, 3- düzensiz birbirine bağlı ve 4- kabaca ve çözünerek yeniden dağılmış, tane büyümesi gibi katı hal işlemleri. Yukarıdaki geçişler aynı zamanda oluşur ve kaynak işlemi esnasında termal dalgalanmanın karmaşıklığı sebebiyle her biri aktiftir. Kaynak mikroyapısının modellenme kabiliyeti, termal dalgalanma, faz değişimleri hesaplamaları ve faz geçiş teorisinin tam anlaşılabilmesine dayanır. Son yıllarda kullanılan programlar hem ergime bölgesi hem de ITAB da kaynak mikroyapısının tahminini yapabilmektedir. Bazı faz geçiş modellemeleri çeliklerin kaynağında ITAB ve ergime bölgesinde mikroyapı tahmini için önemli oranda yol göstermektedir [13-19]. Ancak kaynaklamanın çeşitli bölgelerinde oluşan termal alanlar faz geçiş modellemeleri için gereklidir.

ITAB daki tane büyüme olayı bu bölgedeki hızlı termal dalgalanma ve adım sıcaklık değişimleri sebebiyle karmaşıktır. Hareketli olan ergime bölgesi çizgisinin yakını kaba taneli yapıdan oluşmakta ve malzemedeki sıcaklık değişimleri tane yapısını etkilediğinden göz önünde bulundurulmalıdır. Bu olay, tane büyümesi için yapılan klasik analitik eşitlikler tarafından simüle edilemeyebilir [20]. Sürekli sıcaklık ya da ortalama termal dalgalanma tek bir tane olarak farz edilir. Son yıllardaki bazı çalışmalarda ITAB daki tane büyümesi için Monte Carlo (MC) tekniği uygulanmıştır [21–24]. Bu tekniğin avantajı sadece tane büyümesinin kinetiğini değil aynı zamanda tane topolojisi hakkında da bilgi sağlamasıdır.

Bu çalışmanın amacı kaynak bölgesinde oluşan makro ve mikroyapıyı iyi bir biçimde tahmin etmektir. Bunun için MIG kaynak yöntemi ile 304 tipi östenitik paslanmaz çelik malzemeler kaynatılarak, ergiyik bölgesi ve ana malzeme sıcaklıkları değerleri zamana bağlı olarak ölçülmüştür. ITAB bölgesindeki sıcaklık dağılımı ve yapılasal analizleri sonlu elemanlar yöntemine dayalı ANSYS programında 3 boyutlu ve deneysel şartlara uygun olarak yapılmıştır. Daha sonra deneysel sonuçlarla, programdan elde edilen değerler karşılaştırılarak tartışılmış ve önerilerde bulunulmuştur.

2. KAYNAK ARAŞTIRMASI

Kaynak işleminin sayısal analizi ve simülasyonu, kaynak işlemi üzerine yapılan araştırmaların en önemli konularından birisidir. Bu konuyla ilgili bilgisayar teknolojisinin de gelişmesi ile birlikte özellikle son yıllarda çok çeşitli çalışmalar yapılmıştır. Sonlu elemanlar yöntemi, nümerik analiz ve matematiksel modeller kullanarak bilgisayarların da yardımıyla kaynak işleminde karşılaşılan karmaşık durumlar önceden açıklanmaya çalışılmıştır. Çalışmalarda kaynaklı bir yapıdaki kaynak metali, esas metal ve özellikle de kaynak emniyeti açısından büyük önem taşıyan ısının tesiri altında kalan bölgenin yapısal ve mekanik özellikleri incelenmiştir. Bilindiği gibi bu özellikler kaynak yöntemi, kaynak şartları, malzeme ve benzeri birçok faktöre bağlı olarak değişmektedir.

Momahhad S. Davoud, MIG/MAG kaynağı sırasında oluşan zamana bağlı ısı dağılımını ve soğuma sırasında oluşan mikroyapı, mekanik özellikler ve kalıcı gerilmeler üzerine yapmış olduğu çalışmasında, ABAQUS sonlu elemanlar programı ile 2 ve 3 boyutlu olarak tahminler yapmış ve deneysel verilerle mukayese etmiştir. Bu çalışma sonlu elemanlar modeli, gizli ısı, malzeme özelliklerine bağlı sıcaklık dağılımı, iletim ve ışınım sınır şartlarını içermiştir. Deneysel veriler ve sonlu elemanlar modellenmesi birbirleriyle örtüşmüştür [25].

Michaele Ancuta Mocanita'nın karmaşık kaynaklı yapıların hesaplama mekanizmaları üzerine yapmış olduğu çalışmasında, kaynaklı yapılardaki ısı transferi, gerilim, gerinim, mikroyapı değişimlerini üç boyutlu olarak modellemiştir. Bunun için CWM (Computational Weld Mechanics) metodunu kullanan Mocanita, denesel ölçüm sonuçlar ile oldukça uygun sonuçlar almıştır [26].

Zafer Birgül ise, Gaz Metal Ark Kaynak İşleminin Dinamik Modellenmesi adlı çalışmasında; ark olayını deneysel ve matematiksel olarak modellemiştir. Bu çalışmada kaynak telinin, kaynak metaline geçişinin telin termal gradyantıana, telin özelliğine, sıcaklığa bağlı parametrelere, damla hacmine ve transfer oranına bağlı olduğunu ifade etmiştir [27].

Hao Gua, alüminyum alaşımlarını hem deneysel olarak hem de üç boyutlu matematiksel olarak modellemiş, sıcaklık dağılımı ve kaynak şeklinin mukayesesini yapmıştır. Gua çalışmasında, kaynağın son noktasında oluşan kraterin ve kaynağın mikroyapısını optik mikroskop ile incelemiş ve mikro sertliklerini ölçmüştür. Kaynakta oluşan krater yapısının kaynağın hızlı soğumasının bir sonucu olduğu sonucuna varmıştır [28].

Moktar Awang, çelik malzemelerde meydana gelen kalıntı gerilimleri incelemek amacıyla köşe birleştirmelerine faklı eğim şekillerinde, farlı ısı girdisi ile deneyler yapmış ve bu deneylerin sonlu elemanler programı ANSYS'de analizini yapmıştır. Awang işlem parametrelerinin kalıcı gerilimler üzerine etkisini incelemiştir [29].

Artemis Agelaridou, kaynakta termal ve katılaşma olaylarını incelemiştir. Bunun için plazma ve lazer kaynağında farklı kaynak parametrelerin kaynakta katılaşma ve termal olaylara etkisini inceleyerek uygun değer parametreleri belirlemiştir. Deney parametreleri ve sonlu elamanlar analizi kaynak bölgesi mukayesesi sonucunda Plazma kaynağında, daha iyi sonuç alırken, lazer kaynağından ise daha az memnun edici sonuç almıştır. Bunun sebebini de deneylerde, lazer kaynağındaki gerçek güç yoğunluğu profilinin belli olmayışına bağlamıştır [29].

Fanlin Zhu, gaz metal ark kaynağının kapsamlı dinamik modellenmesini çalışmış, kaynak telinden kaynak havuzuna geçiş olaylarını deneysel ve matematiksel olarak incelemiştir. Zhu çalışmasında, ısı geçişi, ark plazmasının hız dağılımı, damlanın formasyonu, kaynak havuzundaki akışkanın akışı, ısı transferi, kaynak havuzu, telin şeklini modellemiştir. Metal transferine kaynak akımının etkisi incelenmiştir. Sonuç olarak, matematiksel model ile deneysel veri sonuçlarının birbirini desteklediği görülmüştür [30].

Mikael Ericsson ve arkadaşları, robotik TIG kaynağının üç boyutlu ısı transferi simülasyonu çalışmasında kalıcı gerilmeleri ve distorsiyonları analiz etmiştir. Kullandıkları OLP paket programında katı malzemede oluşan sıcaklık-zaman tahminleri yapmaya çalışmışlardır. Burada karmaşık yapılarda optimum kaynak parametrelerini bulmaya çalışmışlar ve deney sonuçları ile modeli mukayese etmişlerdir [31].

Zhibo Dong ve arkadaşları, ise çalışmalarında SS310 paslanmaz çelik malzemeden yapılmış 5000 m^3 depolama tankında kaynakta katılaşma çatlağını tahmin etmek üzere bir inceleme yapmışlardır. Çalışmalarında farklı kaynak şartlarında termal dağılımı ve gerilme yayılımını analiz etmişlerdir. Depolama tankının kaynak şartlarına göre kaynak metalinin soğuma durumunu tahmin etmişler ve tank için en uygun kaynak şartlarını belirtmişlerdir [32].

Z.B. Dong ve Y.H. Wei, kaynak katılaşmasının üç boyutlu modellenmesini yaptıkları çalışmalarında, ısı dağılımı, gerilim durumu analizi için 10 mm kalınlığında SUS310 paslanmaz çelik malzeme kullanmışlardır. Simülasyon için, kaynak havuzundaki ergiyik akışı, gizli ısı, kaynak havuzunda deformasyon etkisi, başlangıç şartları, sıcaklık ve soğuma durumunu göz önünde bulundurmuşlardır. Sonuç olarak, kaynak hızının sıcaklık dağılımına etkisi olduğu gibi kalıcı gerilmelere ve kaynak katılaşma çatlaklarına önemli etkisi olduğu görülmüştür [33].

Y. H. Wei ve arkadaşları, kaynak katılaşması çatlağının üç boyutlu nümerik simülasyonu için yaptıkları çalışmada, kaynak havuzunun hızlı katılaşmasında oluşan gerilimleri sonlu elemanlar modellemesi ile üç boyutlu olarak modellemişlerdir. Kaynak katılaşmasında etkili olan dinamik gerilim-gerinim yayılımları hesaplanmıştır. Sonuç olarak deneysel ölçümlerle, hesaplanan değerler hassas olarak mukayese edilmiş, kaynak parametrelerinin kalıcı gerilmeler üzerinde önemli etkiye sahip olduğu tespit edilmiştir [35].

A.P. Reynolds ve arkadaşlarının, 304L paslanmaz çeliğin sürtünme karıştırma kaynağında yapı, özellik ve kalıcı gerilimleri incelemek amacıyla yaptıkları çalışmalarında, farklı döndürme hızlarında denemeler yapmışlar ve kalıcı gerilmelerin kaynağın ana metal kısmında oluştuğunu göstermişlerdir [36].

M.A. Wahab ve arkadaşları, gaz metal ark kaynağında kaynak havuz geometrisi ve sıcaklık tahminleri yapmak amacıyla kaynak sırasında kaynak bölgesi yakınlarındaki termal dönüşümleri hesaplamak için bilgisayarda yeni bir metod geliştirmişlerdir. Kaynaktaki termal dönüşümlerin soğuma oranı, kaynak havuz geometrisi ve kaynak nüfuziyetini etkilediği kaydedilmiştir. Bunun için iki ve üç boyutlu sonlu elemanlar modeli geliştirmişler, sonuçları mukayese edebilmek için deneysel çalışmalar yapmışlardır. Bu modelde ark ısısı da modellenmiştir [37].

I.S. Kim ve A. Basu tarafından, yapılan gaz metal ark kaynağında kaynak metali akışının ısı transferinin modellenmesi çalışmasında, kaynak işlem parametrelerinin tahmini için matematiksel model geliştirilmiştir. 2 boyutlu olarak geliştirilen model gaz metal ark kaynağında kaynak havuzunda ısı ve kaynak metali akışını, kaynak damlası geometrisini tanımlama, sıcaklık profili ve hızı modellenmiştir. Deneysel olarak da incelenen çalışmada, ergiyen metal damlası kadar elketromanyetik kuvvetler ve yüzey gerilim kuvvetleri de kaynak havuz geometrisine etkili olduğu tespit edilen çalışmada matematiksel modelleme ile deneysel sonuçlar birbirini desteklemiştir [38].

I.O. Santos ve arkadaşlarının, paslanmaz çeliğin kaynakla birleştirilmesi konulu çalışmalarında, paslanmaz çeliğin nokta direnç kaynağı ile kaynaklanması deneysel ve teorik olarak incelenmiştir. Bu çalışma sonlu elemanlar modellenmesi SORPAS ile başarılı bir şekilde yapılmıştır [39].

Masao Toyoda ve Masahito Mochizuki, kaynak şartlarına bağlı sıcaklık, mikroyapı ve makro-mekanik bağlantıların nümerik simülasyonu ile yapı çeliklerinin mekanik özelliklerinin kontrolünü incelemişlerdir. Kaynaklı malzemelere, çekme, eğme ve charpy testi uygulamışlar. Sonuç da ısı girdisinin kaynaklı malzemenin özellikleri üzerinde önemli etkiye sahip olduğu vurgulanmıştır [40].

A. Skyttebol ve arkadaşlarının, demiryolu raylarının yakma alın kaynağı ile birleştirmelerinde kalıcı gerilmelerin etkisi altındaki yorulma davranışlarını incelemişlerdir. Kaynak bölgesinde yorulma çatlağının büyümesinin kaynak şartlarına bağlı olarak değiştiğini vurgulamışlardır. Sonlu elemanlar yöntemi ile de modelledikleri çalışmaların deneysel çalışmalarla uyumlu olduğu tespit edilmiştir [41].

J.R. Cho ve arkadaşları, kaynaktan sonraki kalıcı gerilmeler ve ısıl işlemleri deneysel ve sonlu elamanlar yöntemi ile incelemişlerdir. 32 ve 56 mm kalınlıklarındaki plakalara uygulanan kaynak işlemlerinde en yüksek kalıcı gerilmenin 316 MPa ile 56 mm kalınlığındaki plakada olduğu ancak kaynak sonrası ısıl işlemden sonra 39 MPa'a indiği tespit edilmiştir [42].

Alın kaynak birleştirmelerin kalıcı gerilmelerinin deneysel ve nümerik olarak inceleyen Peng-Hsiang Chang ve Tso-Liang Teng, kaynak sırasında oluşan yüksek sıcaklık ve hızlı soğumanın kalıcı gerilmeler ürettiğini belirtmişlerdir. Kaynak yüzeyinden kalıcı gerilmeleri X-ray yöntemi ile ölçmüşler ve sonlu elemanlar yöntemi ile analiz etmişlerdir. Deneysel ve sonlu elemanlar analiz sonuçları birbirini doğrulamış fabrikasyon işlemelerinde de bu yöntemin kullanılabileceğini belirtmişlerdir [43].

Patlama kaynağında ara yüzey dalgalanma mekanizmasının deneysel ne nümerik modellenmesini çalışan A.A. Akbari Mousavi ve S.T.S. Al-Hassani, sonlu farklar yöntemini kullanmışlardır. Pnomatik tabanca kullanılarak yapılan deney verileri dikkatlice incelenmiş, düz ve dalgalı ara yüzey ile püskürme olayı modellenmiştir. Dalga boyu ve fışkırma hızı tahmin edilmeye çalışılmıştır [44].

Süper alaşımların kaynaklanabilirliğinin nümerik analizini çalışan D. Dye, O. Hunzıker Ve R. C. Reed, TIG kaynak yöntemi ile kaynaklanan IN718 alaşımını incelemişlerdir. Çalışmada, ergime kaynaklarda genel olarak kaynak merkezinde oluşan tane yapısı, katılaşma çatlağı, ergime şartları ve gözeneklilik gibi hataların oluştuğu belirtilmiştir. İşlem şartlarının bu hatalara etkisini incelemek için nümerik analiz modeli geliştirmişler ve bu model deneysel sonuçlar ile başarılı model olarak tanımlanmıştır [45].

Wen S.W. ve arkadaşları, çok telli bir tozaltı kaynağı işlemi, genel amaçlı bir sonlu eleman paket programı olan ABAQUS'u kullanarak modellemişlerdir. Bu çalışmada, kısaca kaynak işlemi ve bunun kalın çeperli boru hattı imalatındaki uygulaması açıklanmaktadır. Tozaltı kaynağı işleminin iki ve üç boyutlu sonlu eleman modelleri geliştirilmiştir. Sonlu eleman analizleri kaynak süresince ergime ve ısının tesiri altında kalan bölgelerdeki ısı transferi karakteristiklerini incelemek amacıyla gerçekleştirilmiştir. İşlem parametreleri ve kaynaklı yapı geometrisinin etkileri, kaynak öncesi şekil verme işlemlerinden kaynaklanan kalıcı gerilme ve distorsiyonlar hem göz önüne alınarak hem de göz önüne alınmayarak hesaplanmıştır. Sonlu eleman tahminleri ile deneysel sonuçların karşılaştırmaları sunulmuştur. Kaynağın neden olduğu geometrik distorsiyonlar kalıcı gerilmeler ve uzamaların işlem optimizasyonu sayesinde en aza indirilebileceği gösterilmiştir [46].

Tsirkas ve arkadaşları tarafından, lazer kaynağı işlemini simüle etmek amacıyla üç boyutlu bir sonlu eleman modeli geliştirmiş ve lazer kaynaklı panel distorsiyonları tahmin edilmiştir. Sonlu eleman hesaplamalara, termal metalürjik ve mekanik yönleri de hesaba katan SYSWELD sonlu elemanlar kodları kullanılarak yapılmıştır. Lazer kaynağı işleminin simülasyonu termo mekanik analize dayanan lineer olmayan ısı transferi analizi kullanılarak yapılmıştır. Analiz, sıcaklığa bağlı malzeme özelliklerini ve sürekli soğuma dönüşümü (CET) diyagramlarını kullanarak metalürjik dönüşümleri dikkate almaktadır. Deneysel sonuçlar, kaynaklı numunelerin distorsiyonlarının ölçülmesi ve sonlu eleman yaklaşımını doğrulamak amacıyla gerçekleştirilmiştir. Sonlu eleman analizi sonuçlarının deneysel ölçümleri ile uyum içerisinde olduğu ifade edilmiştir [47].

Çam ve arkadaşlarının yapmış oldukları çalışmada, lazer ışını kaynaklarının kaynak metali ve ısının tesiri altındaki bölgenin (ITAB) çekme özelliklerini belirlemek için bir test prosedürü oluşturmak amacıyla düz mikro çekme numuneleri kullanarak lazer kaynaklı birleştirmelerin mekanik özellikleri üzerine deneysel bir araştırma yapılmıştır. Düz çekme numunelerinin testine ilaveten, mekanik özellikler enine numuneler ve yuvarlak çekme numuneleri ile incelenmiştir. Mikro çekme numunelerinin sonuçları standart yuvarlak çekme numuneleriyle karşılaştırılmış ve bu gibi birleştirmeler için mikro çekme numuneleri tekniğinin uygunluğu açıklanmıştır [48].

Zhu ve Chao tarafından yapılmış çalışmada, sonlu eleman kaynak simülasyon kodu (WELDSIM) kullanılarak detaylı üç boyutlu lineer olmayan termal ve termo mekanik analizler gerçekleştirilmiştir. Araştırmacılar kaynak işleminin bilgisayarlı simülasyonunda geçiş sıcaklığındaki her sıcaklığa bağımlı malzeme özelliğinin, kalıcı gerilme ve distorsiyonların etkisini incelemişlerdir. Alüminyum levhaların kaynağı, üç grup halindeki malzeme özellikleri yani sıcaklığın fonksiyonu olan, oda sıcaklığı değerleri ve kaynaktaki tüm sıcaklık değişimi sürecindeki ortalama değerler kullanılarak simülasyonda dikkate alınmıştır [49].

Wu ve arkadaşları, iki çelik plakanın alın kaynaklı birleştirilmesi işlemini simüle etmişlerdir. Sonlu eleman metodu ile çözüm iki aşamada gerçekleştirilmiştir. İlk olarak, kaynak işlemi süresince oluşturulan sıcaklık dağılımını elde etmek için lineer olmayan geçici bir termal analiz yapılmıştır. Gerilme analizi, termal analizden elde edilen sıcaklıklar ile geliştirilmiştir. Termal ve gerilme analizlerinde genel amaçlı ANSYS programı kullanılmıştır. Kaynak metali, esas metal ve ısıdan etkilenen bölgenin malzeme özellikleri sıcaklığa bağımlıdır. Ancak, kaynak metali ve ısıdan etkilenen bölgenin malzeme özelliklerine ilişkin bilgilerin eksikliğinden, her iki bölgenin termal ve mekanik özelliklerinin bu analizde esas metalin özelliklerinin aynısı olduğu varsayılmıştır. Yayınlanmış deneylerden ve nümerik simülasyonlardan elde edilmiş kalıcı gerilme ve distorsiyonların sonuçlarıyla bu çalışmadakiler karşılaştırılarak modelin geçerliliği ispatlamışlardır [50].

Meo ve Vignjevic tarafından yapılmış çalışmada, kaynaklı alüminyum plakaların kaynak işlemi süresince sıcaklık dağılımları, distorsiyonlar ve kalıcı gerilme alanlarını tespiti amaçlanmıştır. Sonlu eleman metodu kullanılarak kaynak işleminin nümerik bir analizi gerçekleştirilmiştir. Nümerik analiz sonuçları deneysel testlerle karşılaştırılmış, sonuçta değerlerin birbirine uygunluğu gösterilmiştir [51].

Jang ve arkadaşları tarafından, çok pasolu kaynakların mekanik özellikleri incelenmiş ve sonlu elemanlar metodu kullanılarak kaynak deformasyonu ve kalıcı gerilmeler gösterilmiştir [52].

Zhang ve arkadaşları, BWR reaktör çekirdeği örtüsünün (reaktör çekirdeğini çevreleyen silindirik bir kabuk) çevre kaynağındaki kalıcı gerilmelerin belirlenmesi amacıyla bir modelleme yapmıştır [53].

Teng ve Lin tarafından yapılmış çalışmada, ANSYS sonlu eleman teknikleri kullanılarak çelik plakaların tek pasolu ark kaynağındaki kalıcı gerilmeler belirlenmiştir. Ayrıca kalıcı gerilmeler üzerine kaynak hızı, numune boyutu, dış mekanik kısıtlamalar ve ön ısıtmanın etkileri tartışılmıştır [54].

Gunaraj ve Murugan tarafından yapılmış çalışmada, yapısal çelik boruların tozaltı kaynağında işlem değişkenlerinin ve ısı girdisinin etkilerini belirlemek amacıyla matematiksel modeller geliştirilmiştir [55].

Kuo ve Wu tarafından yapılan çalışmada ise, kaynaklı plakaları etkileyen deformasyon ve kalıcı gerilmelerin miktarı kaynak yöntemine göre değişen ısı girdisi; kaynak hızı ve etkileyen deformasyon ve geometrik şartlar; kaynaklı yapı sınırlamaları olmak üzere kaynak işleminin üç yönü ile doğrudan ilişkilidir. ITAB'daki sıcaklık değişimleri, genellikle kaynaklı plakanın tamamının mukavemetini etkiler. Araştırmayı bu bölgedeki sıcaklık davranışına yönlendirmek sadece bu bölgedeki sıcaklığın malzeme bileşimini etkilemesinden değil, ayrıca görüntülemek için kaynak sistemine geri besleme sinyali sağlamak ve kaynak işlemini kontrol amacıyla da kullanılabileceği belirtilmiştir [56].

3. MIG/MAG KAYNAK YÖNTEMİ

Çoğu fabrikasyon ürünleri birleştirme ile üretilirler. Birleştirme, ergime kaynağı, lehimleme, yapıştırma ve mekanik birleştirmeleri içerir. Ergitme kaynağı uçak yapıları, otomotiv, gemi, basınçlı kaplar ve boru hattı gibi yapıların fabrikasyon işleminde oldukça yaygın olarak kullanılır.

Yaklaşık 1880'lerden önce demirci kaynağı sadece malzemeleri metalürjik olarak birleştiren tek metottu. Bu tip operasyonlarda, birleştirilecek metaller ergime olmaksızın ısıtılıp birleştirilirdi. Demirci kaynağının aslı tam olarak bilinmemektedir. Ark ve nokta kaynağı 1880'lerden sonra geliştirildi ve endüstride kullanılmaya başlanmıştır. Literatür araştırmalarında 1801 de Sir Humphrey Davy elektrik arkını keşfetiği belirtilmektedir. Wilde, elektrik arkından metalleri birleştiren ilk insan olarak bilinir. Wilde 1860'larda iki demir parçayı birlikte ergitip birleştirerek ilk elektrik kaynağı patentini almıştır [57].

Ergitme kaynağı, malzemelerin ısı ile birlikte ergitilerek ve tek parça olarak birleştirildiği bir işlemdir. Ergitme için gerekli olan ısı kimyasal ya da elektrik kaynağından olabilir. Elektrik ark kaynağı ergitmeli bir kaynak işlemidir. Gaz metal ark kaynağı (GMAW) olarak da bilinen Metal İnert/Aktif Gaz (MIG/MAG) 1950 lerin başlarında geliştirilmiştir [58].

3.1. MIG/MAG Kaynağının Fiziği

MIG/MAG kaynağı son 30 yılda diğer kaynak türlerine oranla çok hızlı bir şekilde gelişmiştir [59]. MIG/MAG kaynağı dünyada birçok endüstri uygulamalarında yaygın olarak kullanılmaktadır. Bu yöntemin en önemli özelliklerinden biri bugün endüstride kullanılan ticari alaşımların hemen hemen hepsinin kaliteli bir biçimde birleştirmesini sağlamasıdır. Bu yöntemde cüruf yoktur bu yüzden de cüruf gözeneği problemi yoktur. En az düzeyde kaynak sonrası temizleme işçiliği gerektirir. Yüksek kalitede ve hızlı kaynak yapılabilmesi yöntemi ekonomik kılmaktadır. Karbonlu çelik, paslanmaz çelik, alüminyum, titanyum, zirkonyum ve bakır gibi yaygın olarak kullanılan metalleri uygun gaz, tel ve kaynak parametreleri ile rahat bir şekilde birleştirilebilmektedir.

Tipik bir MIG/MAG kaynak donanımı; DC güç kaynağı, sürekli tel sürme mekanizması, kontrol paneli, koruyucu gaz ünitesi (tüp, manometre, gaz hortumu) ve torçtan oluşmaktadır. Torç ve kablo grubu üç görevi yerine getirir. Koruyucu gazı ark bölgesine taşır. Elektrodu temas tüpüne iletir ve güç ünitesinden gelen akım kablosunu temas tüpüne iletir. Kaynak torcunun tetiğine basıldığı zaman, iş parçasına aynı anda gaz, güç ve elektrod iletilir ve bir ark oluşur. Ark boyunun kendi kendisini ayarlamasını sağlamak için tel besleme ünitesi ile güç ünitesi arasında ilişki sağlayan iki türlü çözüm mevcuttur. Bunlardan en fazla bilineninde sabit gerilimli bir güç ünitesi (yatay gerilim-akım karakteristiği sağlayan güç ünitesi) ile sabit hızlı elektrod besleme ünitesi kullanılmaktadır. İkinci çözüm ise azalan bir gerilim-akım karakteristiği sağlar ve elektrod besleme ünitesinin besleme hızı ark gerilimi yoluyla kontrol edilir. Sabit gerilim / sabit besleme hızı çözümünde torcun pozisyonundaki değişme kaynak akımında değişmeye neden olur. Kaynak akımındaki değişme ise derhal serbest elektrod uzunluğunu değiştirerek (elektrod erime hızı değiştiğinden) ark boyunun sabit kalmasını sağlar. Torcu iş parçasından uzaklaştırma nedeniyle serbest elektrod uzunluğunda meydana gelen artma kaynak akımında azalmaya neden olarak elektrodda direnç ısıtmasının da aynı değerde kalmasını sağlar. Diğer çözümde ise, ark geriliminde meydana gelen değişmeler elektrod besleme sisteminin kontrol devrelerini yeniden ayarlar ve bu sayede elektrod besleme hızı uygun bir şekilde değiştirilir.

MIG/MAG kaynak tekniğinde kullanılan elektrotların çaplarının ince olması nedeniyle akım yoğunluğu yüksektir (100 – 300 A/mm^2). Akım yoğunluğunun yüksekliği; metal transfer formunu, kaynak hızını ve nüfuziyet profilini olumlu yönde etkilemektedir.

Kaynak güç üniteleri ark oluşturmak için elektrik gücünü elektroda ve iş parçasına iletir. Gazaltı kaynağının büyük bir kısmında elektrodun pozitif kutupta olduğu doğru akım kullanılır. Bu nedenle güç ünitelerinin pozitif ucu torca, negatif ucu ise iş parçasına bağlanır. Doğru akım güç ünitelerinin başlıca tipleri motor tahrikli jeneratörler (dönen ve hareketli tip) ve transformatör redresörlerdir (statik veya hareketsizdir).

Bir güç kaynağının yatay karakteristiğe sahip olup olmadığına şu şekilde karar verilir; akım üretecinin karakteristiğinin eğimi her 100 amperde 1 – 5 volt arasında bir değişim gösteriyor ise bu makine yatay karakteristiğe sahiptir.

MIG/MAG kaynağı akım üreteçlerinde içten ayar diye adlandırılan ark boyu ayarı vardır. Bu makinalarda ark gerilimi, tel ilerleme hızı ve buna bağlı olarak da akım şiddeti ayarlanır. Tel ilerleme motorunun hızı seçilen bir devirde döneceğinden tel ilerleme hızı sabittir. Kaynak işlemi esnasında herhangi bir sebeple ark boyu uzadığı zaman akım şiddeti büyük miktarda azalır. Ark boyunun artması akım şiddetinin düşmesine, dolayısıyla tel ergime miktarının azalmasına neden olur. Bu sırada sabit hızla gelen tel, arkı normal konumuna döndürür. Ark boyu kısaldığında akım şiddeti yükselir, tel ergime miktarı artar, sabit gelen tel hızı arkı normal boyuna döndürdüğü içinde akım ve gerilim değerleri uygun değerlerde seyreder.

Bütün gazaltı kaynak yöntemlerinde olduğu gibi MIG – MAG yönteminde de koruyucu gazın ark bölgesini tamamen örtmesi ve kaynak metalini atmosferik şartlardan koruması gerekmektedir.

MIG – MAG kaynağında inert ve aktif gazlar veya bunların çeşitli oranlarda karışımları kullanılır. Genel olarak asal gazlar reaksiyona girmediklerinden dolayı demirdışı metallerin kaynağında, aktif gazlar veya aktif asal gaz karışımları da çeşitli tür çeliklerin kaynağında kullanılmaktadır.

MIG – MAG kaynağında ticari olarak kullanılan gazlar veya gaz karışımlarından asal olanlar Argon ve Helyum, aktif olanlar ise Karbondioksit, Azot, Oksijen ve Hidrojen gazlarıdır[60].

3.2. Mikroyapı ve Bileşimin Kaynaklı Birleştirme Tasarımına Etkisi

Bir kaynak işlemi tasarımı yaparken mikroyapı ve kompozisyonun kalitesini tahmin etmek içim matematiksel olarak modellenmesi gerekir. Tasarımcıların muhtemel problemlerin analize etkilerini tanımlaması için bu çok önemlidir. Örneğin, kaynakta diğer elementlerin kirletme olasılığı dikkate alınması gereken bir konudur. Bazı yöntemlerde kaynak kirliliğe daha az maruz kalırken bazılarında daha fazla maruz kalır. Örneğin TIG kaynağında kullanılan asal gaz argon, tozaltı kaynağında kullanılan tozun neden olduğu kirliliğe neden olmaz. Aynı zamanda iyi bir kaynak çevresel şartlar ve tekrarlamanın etkisine bağlıdır [61,62].

Uzun çalışıldığında yüksek ısı girdisi sebebiyle metalde tane büyümesi olabileceği gibi deşişken bir yapıya ve kırılganlığa da neden olabilir. Bu durum da kaynakta uygulama sınırlılıklarına neden olur. Uygulanan ısının miktarı ve oranı malzeme soğuduktan sonra oluşacak olan özellikler üzerinde büyük etkiye sahiptir. Aynı zamanda kaynakta ısı ve kütle transferi, kaynak bölgesinin soğumasından sonrada kaynak özellikleri üzerinde önemli etkiye sahiptir. Kaynak havuzunda kütle yada ısı transferine ısı akışı neden olur. Eğer kaynak işleminde ilave tel kullanılıyor ise telden malzemeye ısı ve metal geçişi söz konusudur. Isı geçişi, iletim, yayınım ve radyasyonla gerçekleşir. Metal transferi eğer düzensiz olursa katışlaşma morfolojisi de düzensiz olacaktır [63, 64].

3.3. Mekanik Özelliklerin Kaynaklı Birleştirme Tasarımına Etkisi

Kaynaktan sonra metalin karakteristiği ve malzeme özellikleri oldukça farklı olabilir. Malzemenin servis şartlarında görevini tam yapabilmesi için bu durum çok önemlidir. Örneğin kaynaktan sonra malzemede düşük sıcaklıklarda kırılganlık söz konusu olursa sıvı azot taşıyan tanklar için bu tür malzemeler uygun olmayacaktır. Kaynaktan sonraki malzemelerin fiziksel özellikleri ısı kaynağının hızına ve gücüne ve malzemenin soğuma oranına bağlıdır. Kaynak sonrası uygulanan ısıl işlemler malzemede oluşabilecek gerilimlerin azalması için gereklidir[65-68].

3.4. Kaynak Morfolojisinin Kaynaklı Birleştirme Tasarımına Etkisi

Kaynaktaki katılaşma olayında, katılaşmanın bütün şartları mevcuttur[69,70]. Kaynaktaki eriyik havuzu etrafında katılaşmanın da başladığı bir katı metal ile çevrilidir. Katılaşma ilk önce heterojen olarak başlar ve epitaksiyel olarak devam eder. Daha sonra kristal büyümesi ısı akışına paralel ve zıt yönde hızlı bir şekilde devam eder. Bu şekilde oluşan kristaller sütunsal dentritik bölgeler (taneler) oluşturur. Dentritik bölgenin sütunsal olarak büyüyen tanelerin belli bir bölgesinde dallanmalara ayrılır ve sıcaklığın ergime sınırının altına düşmesi bu duruma engel teşkil etmez. Buradaki şartlar dengeli dentritik bir bölgenin oluşumuna neden olur[71, 72].

Kaynak sırasında malzemelere uygulanan yüksek ısı girdisi ve hızlı soğumanın etkisi ile malzemelerde içyapı değişimleri olmaktadır. Isı tesiri altında kalan bölge (ITAB)olarak adlandırılan bu konu ile ilgili ilk çalışma ITAB'da malzemenin mikroyapısında sıcaklık dağılımının etkisi 1976 yılında Wiesman tarafından araştırılmıştır [73]. Teorik olarak ITAB ortam sıcaklığının üzerinde kalan tüm bölgeyi kapsar. Pratik olarak, bununla beraber, kaynak yönteminin ısısı tarafından etkilenmiş olduğu ölçülebilen bölgedir.

3.5. Paslanmaz Çeliklerin Kaynağı

Günümüz endüstrisi, paslanmaz çeliklerin kaynağında gazaltı usullerini büyük çapta kullanmaktadır. Standart bileşimdeki paslanmaz çelikler için MIG kaynağı tel elektrotları kolaylıkla günümüzde tedarik edilebilmektedir. Kaynak metali daima bir miktarda eriyen esas metali içerdiğinden, bileşimi elektrot bileşimi yardımı ile belirlenemez. Esas metalin ve elektrotun bileşimleri bilinirse, bunların kaynak esnasındaki karışımları ve karışımın iç yapısı Şekil 3.1'de verilen Schaeffler diyagramı yardımı ile tespit edilebilir.

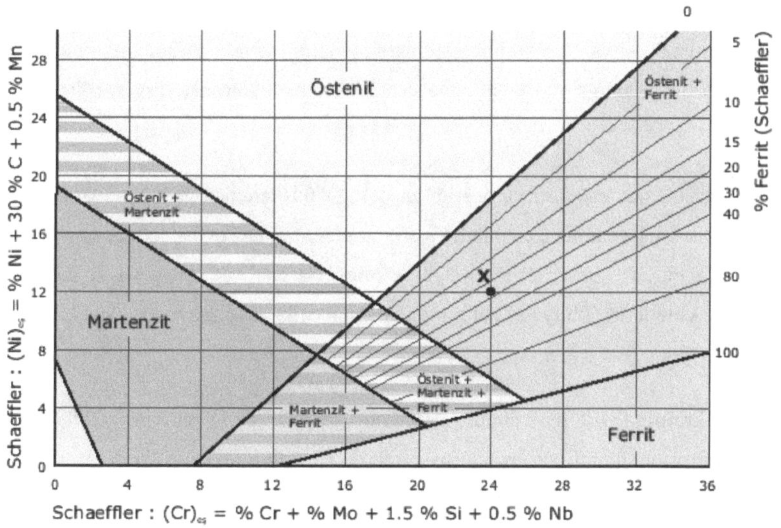

Şekil 3.1. Schaeffler diyagramı

Östenitik paslanmaz çelikler bileşimlerinde %12 - 25 Cr ve %8 - 25 Ni içerirler. Nikel, kuvvetli bir östenit yapıcı olduğundan, bu çeliklerde katılaşma sırasında ortaya çıkan östenit oda sıcaklığının altındaki sıcaklıklarda bile dönüşmeden kalır. Soğuma sırasında Östenit – Ferrit dönüşümü olmadığından su verme yolu ile sertleştirilemezler. Bu grup içinde en fazla bilinen 18/8 çeliği diye isimlendirilen, birleşiminde %18 Cr ve %8 Ni içeren türdür. Anti manyetik olan bu tür paslanmaz çeliklere korozyon dayanımını artırmak için bir miktar molibden katılır. Ostenitik paslanmaz çeliklerin kaynak yeteneği açısından en önemli niteliklerini aşağıdaki gibi sıralayabiliriz.

1. Isı iletme katsayıları oda sıcaklığında az alaşımlı ve sade karbonlu çelikleri 1/3'ü kadardır.
2. Isıl genleşme katsayıları sade karbonlu ve az alaşımlı çeliklerden %50 daha fazladır.
3. Alaşımsız karbonlu çelikler düşük bir elektrik iletme direncine sahiptir, bu tür paslanmazlarda ise bu değer 5 ile 7 kat daha büyüktür.

Bu özelliklerden dolayı krom-nikelli çeliklerin kaynağında sade karbonlu çeliklerin kaynağından daha fazla kendini çekme oluşur. Kaynak dikişinin soğuması sırasında büyük çekmelerin oluşumu sonucunda bu bölgede gözlemlenen iç gerilmeler çatlama tehlikesine yol açar. Bu tip paslanmazların çift taraflı iç köşe dikişlerinde sıcak çatlamaların oluşma olasılığı çok fazladır. Bu çeliklerde aşırı soğuk şekil değiştirmeleri özelliğiyle dövme sonucunda kısmen martenzit bir yapı elde edilir. Özellikle 18/8 tipi östentik paslanmaz çelikler 450 - 850 ^{o}C arasında bir sıcaklığa kadar ısıtılıp o sıcaklıkta tutulduklarında karbon çökelmesi eğilimi kendini gösterir.

Östenitik paslanmaz çeliklerin C içeriği en çok % 0,6 tercihen %0,03 civarında olmalıdır. Krom – Nikelli paslanmaz çeliklerde gerilim giderme tavlaması kaynaktan sonra zaman zaman uygulanır. Tav sıcaklığı 800 - 920 ^{o}C arasında seçilir. Çizelge 3.1 ve 3.2'de östenitik paslanmaz çeliklerin kimyasal bileşimi ve mekanik özellikleri ile sıcaklık dereceleri gösterilmiştir.

Östenitik krom-nikelli paslanmaz çeliklerin kaynak kabiliyetlerini etkileyen fiziksel özelliklerinin yanında bir dizi metalurjik etken de bu çeliklerin kaynağında önemli rol oynar; bunlar delta ferrit fazının oluşumu, taneler arası korozyona hassasiyet, gerilmeli korozyona hassasiyet ve sigma fazının oluşmasıdır.

Çizelge 3.1. Östenitik paslanmaz çeliklerin kimyasal kompozisyonu

AISI	Kompozisyonu (%)			
	C	Cr	Ni	Diğerleri (%)
201	0,15	16,0 - 18,0	3,5 - 5,5	2,5 N, 5.5 – 7,5 Mn, 0,060 P
202	0,15	17,0 - 19,0	4,0 - 6,0	2,5 N, 7,5 -10,0 Mn, 0,060 P
301	0,15	16,0 - 18,0	6,0 - 8,0	
302	0,15	17,0 - 19,0	8,0 - 10,0	
302 B	0,15	17,0 - 19,0	8,0 - 10,0	2,0 – 3,0 Si
303	0,15	17,0 - 19,0	8,0 - 10,0	0,20 P, 0,15 S (min) 0,60 Mo (opt)
303 Se	0,15	17,0 - 19,0	8,0 - 10,0	0,20 P, 0,06 S, 0,15 Se (min)
304	0,08	18,0 - 20,0	8,0 - 12,0	
304 L	0,03	18,0 - 20,0	8,0 - 12,0	
305	0,12	17,0 - 19,0	10,0 - 13,0	
308	0,08	19,0 - 21,0	10,0 - 12,0	
309	0,02	22,0 - 24,0	12,0 - 15,0	
309 S	0,08	22,0 - 24,0	12,0 - 15,0	
310	0,25	24,0 - 26,0	19,0 - 22,0	1,5 Si
310 S	0,08	24,0 - 26,0	19,0 - 22,0	1,5 Si
314	0,25	23,0 - 26,0	19,0 - 22,0	1,5 - 3,0 Si
316	0,08	16,0 - 18,0	10,0 - 14,0	2,0 - 3,0 Mo
316 L	0,03	16,0 - 18,0	10,0 - 14,0	2,0 - 3,0 Mo
317	0,08	18,0 - 20,0	11,0 - 15,0	3,0 - 4,0 Mo
321	0,08	17,0 - 19,0	9,0 - 12,0	Ti (5 x %C min)
347	0,08	17,0 - 19,0	9,0 - 13,0	Cb + Ta (10 x %C min)
348	0,08	17,0 - 19,0	9,0 - 13,0	Cb + Ta (10 x %Cmin 0,10 Ta max.), 0,20 Co

Östenitik krom-nikelli paslanmaz çeliklerin üretimlerinde, sıvı halden itibaren katılaşma başlayınca, ostenit ve δ-ferrit taneleri oluşmaya başlar. Bu ferrit ostenitin dönüşümü sonucunda ortaya çıkan ferritten farklıdır. Katılaşma normal olarak çeliklerin yapısı östenit taneleri arasına serpilmiş δ -ferrit taneciklerinde oluşur. Bu faz, krom ve ferriti dengeleyen elementler yönünden zengin, nikel ve östeniti dengeleyen elementler yönünden fakirdir. Bu fazın oluşumu çelik üreticilerinin istemediği bir durumdur: zira malzemenin sıcak şekillendirilmesini zorlaştırır ve malzemede çatlakların oluşumunu teşvik eder. Bu fazın sürekli olarak tanecik sınırlarında bulunması korozyon direncini azaltır. Ayrıca, yüksek sıcaklıklarda uzun süre δ-ferrit fazıyla karşı karşıya kalınması sonucunda da, malzemenin mukavemetini ve şekillendirilebilme kabiliyetini azaltıcı yönde etkileyen sert ve gevrek δ fazının oluşumu gibi sorunlarla karşılaşılır.

Çizelge 3.2. Östenitik paslanmaz çeliklerin mekanik özellikleri

AISI	Oda Sıcaklığı				Çalışma Sıcaklığı Fo	
	Çekme Kuvveti (1000 Psı)	Akma Kuvveti 0.2 % (1000 Psı)	Uzama 2" (%)	Sertlik (Rockwell B)	Devamlı	Kesintili
201	115	55	55	90	1550	1450
202	105	55	55	90	1550	1450
301	110	40	60	85	1650	1500
302	90	40	50	85	1650	1500
302 B	95	40	55	85	1750	1600
304	84	42	55	80	1650	1550
304 L	81	39	55	79	1650	1550
305	85	38	50	80	1650	
308	85	35	50	80	1700	1550
309	90	45	45	85	1950	1850
310	95	45	45	85	2050	1900
314	100	50	40	85		
316	84	42	50	79	1650	1550
316 L	81	42	50	79	1650	1550
317	90	40	45	85	1700	1600
321	90	35	45	80	1650	1550
347	95	40	45	85	1650	1550

Östenitik krom-nikelli paslanmaz çeliklerin kaynağında ortaya çıkan ikincil bir sorun da, özellikle 18/8 çeliği gibi bazı krom-nikelli çeliklerin 450 - 850 °C sıcaklık aralığındaki bir sıcaklıkta uzun süre kalmalarında oluşan krom karbür çökelmesi eğilimidir. Bu çelikler üretimleri sırasında krom karbürün ostenit içerisinde çözündüğü 1100 °C'den itibaren hızla soğutulurlar. Bu şekilde bu elementlerin çökelme tehlikesi ortadan kalkmış olur ve oda sıcaklığında karbonun difüzyon hızı çok düşük olduğundan, kullanım esnasında oluşma olanağı yoktur. Sıcaklığı 450 ^{o}C'nin üzerine çıkması ile karbonun difüzyon hızı, karbonu tane sınırlarından dışarıya çıkartacak derecede artar. Tane sınırlarında biriken karbon, kroma karşı olan yüksek ilgisinden (affinitesinden) dolayı bu bölgede krom ile birleşerek krom karbür oluşturur (Fe, Cr23 C6). Oluşan krom karbürün ağırlık olarak %90'ını krom oluşturduğundan, tane sınırlarında bulunan çok az karbon bile ostenit tanelerin çevresindeki krom miktarını aşırı derecede azaltır (Şekil 3.2). Bunun sonucu olarak malzeme krozif bir ortamda bulunduğunda, kromca zayıflamış olan tane sınırlarında korozyon oluşur. Bu şekilde ortaya çıkan taneler arası korozyon tüm malzemeyi çok kısa zamanda kullanılmaz hale getirir. Çeliğin karbon içeriği arttıkça bu olay şiddetlenir.

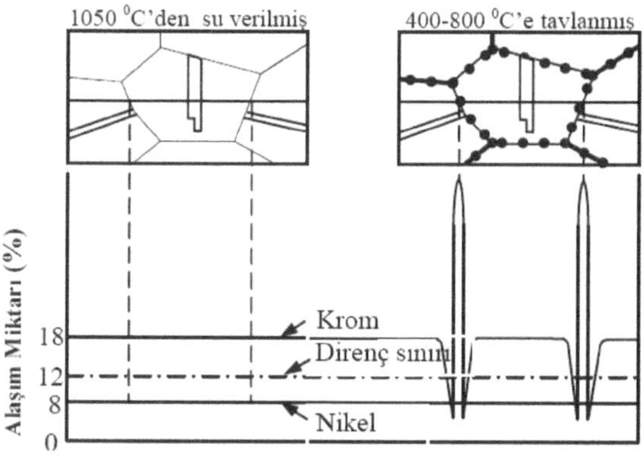

Şekil 3.2. Östenitik krom-nikelli paslanmaz çeliklerde tane sınırlarında krom karbür çökelmesine bağlı olarak krom azalması [74].

Östenitik krom-nikelli paslanmaz çeliklerin kaynağı esnasında eriyen bölge çok kısa bir zamanda katılaşıp hızla soğuduğundan ve elektrot olarak kullanılan alaşımların karbon içeriği de düşük olduğundan kaynak metali, yani kaynak dikişi için karbür çökelme tehlikesi yoktur. Buna karşın ısının tesiri altında kalan bölge (ITAB), kaynak süresi boyunca, 500 - 900 ^{o}C sıcaklık aralığında tavlı olarak kalmakta ve aynı zamanda da burası esas metal olduğundan, karbon içeriğinin yüksek olması halinde östenit tane sınırlarında taneler arası korozyona neden olacak karbür çökelmesi olayı ortaya çıkmaktadır. Belli bir karbon içeriği için karbür çökelmesi olayının şiddeti, sıcaklık ve zamana bağlıdır. Çökelme başlamadan önce sıcaklık ve değişen bir kuluçka periyodu vardır. Sıcaklık ve çeliğin karbon içeriğine göre en kısa sürede çökelmenin başladığı bir sıcaklık vardır ki buna kritik sıcaklık adı verilir(Çizelge 3.3) .

Çizelge 3.3 Krom karbür çökelmesinin karbon içeriği, zaman ve sıcaklığa bağlılığı.

Karbon içeriği (%)	Kuluçka Periyodu (dakika)	Kritik Sıcaklık (°C)
0,03	11	650
0,05	7	650
0,06	2,5	670
0,08	0,3	750

Tek paso ile yapılan ark kaynağında ITAB, 650 - 750 °C arasındaki sıcaklığa bir dakikadan az bir süre maruz kalır. Buna karşın çok pasolu kaynak halinde, bu süre üç dakikanın üzerine çıkar ve dolayısıyla karbür çökelme tehlikesi kendini gösterir. Karbür çökelmesinin oluşabilmesi için, çeliğin karbon içeriğinin belirli bir miktarın üzerinde olması gerekir. Çizelge 3.3'de görüldüğü üzere karbon içeriğinin azalması, kuluçka periyodunu uzattığından bu tehlike ortadan kalkacaktır. Bu bakımdan, kaynak ile birleştirilmesi gereken östenitik krom-nikelli paslanmaz çeliklerin, karbon içeriğin en çok %0,06, optimum %0,03 civarında olması gerekmektedir. Bu amaçla, östenitik krom-nikelli paslanmaz çeliklerin özel olarak üretilen bazı türlerinde (X2CrNi 19 11, X2CrNiMo 17 13 2), karbon miktarı düşürülerek korozyon direncinin arttırılması amaçlanmıştır.

Taneler arası korozyonun oluşturulmasını önlemek amacı ile uygulanan bir başka yöntem de çeliğin stabilizasyonu olarak adlandırılır; bu durumda karbonun kroma karışı olan ilgisinden daha yüksek bir ilgiye sahip bir elementin çeliğin bileşimine katılması ile gerçekleştirilir. Bu şekilde çeliğin bileşimindeki karbon ile bu yeni element karbür oluşturur ve dolayısıyla içyapının bazı bölgelerinde ortaya çıkan krom azalması olayı oluşmaz. Stabilizasyon için ilave edilen elementler titanyum, niyobyum ve tantalyumdur. Bu elementlerin karbürleri, tane sınırları boyunca değil, östenit taneler içerisinde, ince zerreler halinde dağılmış olduklarından, çeliğin mekanik özelliklerinde de bir değişiklik oluşturmaz. Stabilizyonun gerçekleşebilesi için ilave edilen titanyum karbonun dört katı, niyobyumun sekiz-on katı, tantalyumun onaltı katı olması gereklidir. Ancak çeliklerde maliyet açısından titanyum, arktaki fazla kaybından dolayı niyobyum tercih edilir.

4. KAYNAKTA ISI TRANSFERİ VE SAYISAL ÇÖZÜM

Kaynak işlemindeki ısı transferini gösteren termal olaylar Şekil 4.1 de gösterilmektedir. Kaynaktaki ısı akışı ergime için çok önemlidir. Kaynakta ısının önemli bir miktarı yüksek sıcaklık alanı yüzeyinden ve eriyik havuzu yüzeyinden radyasyonla çevreye yayılır. Aynı zamanda ergime için gerekli olan ısının büyük bir kısmı da iletim ve taşınımla malzemeye yayılır.

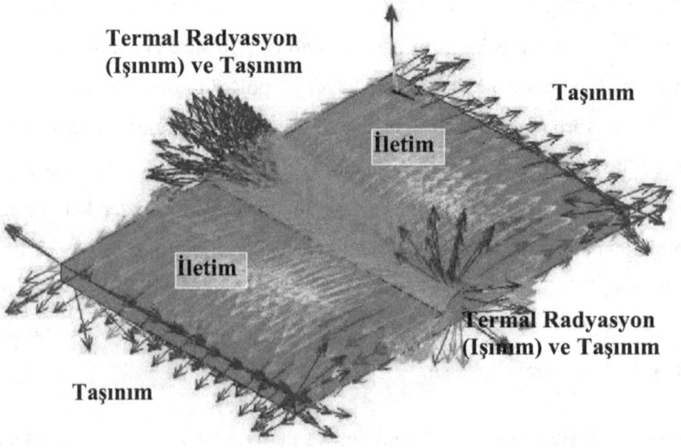

Şekil 4.1 Kaynakta ısı transfer mekanizmaları.

Kaynak işleminde meydana gelen termal olayların nümerik çözümlenmesinde izlenecek yolu şematik olarak gösterilecek olursa;

Şekil 4.2. Sonlu elemanlar yöntemi ile ısı transferi problemlerinin çözümünün akış şeması.

4.1. Kaynak İşlemindeki Isı Transferinin Analitik ve Nümerik Çözümü

Bazen problemi yeterince çözmek mümkündür. Bu analitik çözümdür ve iki kısımdan oluşur; özel kısım ve homojen kısım. Çözümlemenin homojen kısmı daima doğal davranış belirleyen sistem karakteristikleri içerir. Özel kısım çözümü ise tam tersine, moment, dış kuvvetler, ısı akış oranı, basınç farklılıkları, ısı girişi ve sıcaklık farklılıkları gibi bir sistemde karışıklığa neden olan parametreler içerir.

Mühendislik problemlerin çözümünde hem problemin karmaşıklığı hem de başlangıçtaki şartların ve yapının tanımlanmasındaki zorluklar nedeni ile kesin sonuç elde edilemeyebilir. Nümerik yaklaşımlar yaygın olarak kullanılan bir yöntemdir. Tam tersine analitik çözüm sistem içinde herhangi bir noktada sistem davranışını çözmek için yavaştır [75].

4.2. Analitik Çözümleme

Kaynak işleminin analitik çözümü için kayaktaki olaylar tam ve doğru olarak analiz edilmelidir. Ergime kaynak işlemlerinin çoğunda iş parçası üzerinde ısı kaynağı hareketlidir. Eğer ısı kaynağının sürekli olarak bir çizgi üzerinde hareket ettiğini ve sürekli olarak bir yük uyguladığını varsayarsak, bu durum sürekli genişleyen bir ergiyik bölgesine neden olabileceği deneysel olarak rahatlıkla ispat edilebilir. Ayrıca, Ergime sıcaklığının altındaki tüm maksimum sıcaklık izotermal bölgeleri sabit bir genişliktedir.

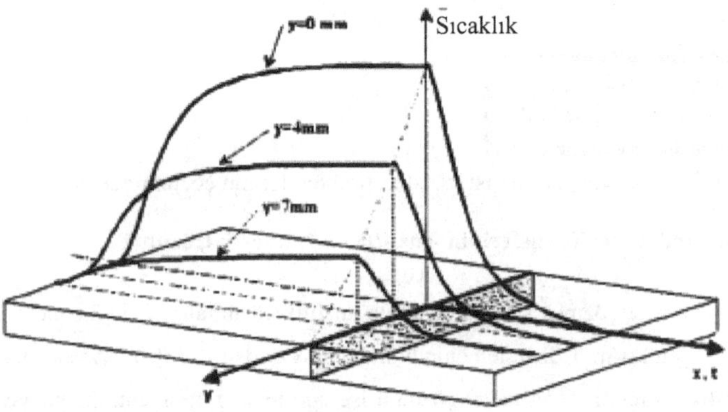

Şekil 4.3. Isı Kaynağından çeşitli mesafelerdeki soğuma eğrileri.

Eğer sıcaklık ısı kaynağının bir noktasından gözlenirse, sürekli hareket eden sıcaklık noktası zamanla değişmeyecektir. Kaynak yönünde ergime noktasındaki sıcaklık da zirve sıcaklığın olacaktır (Şekil 4.3). Ayrıca, eğer merkez çizgisinden farklı noktalar göz önüne alınırsa, sıcaklık ısı kaynağı altında 2000-2200 ^{0}C lık maksimum sıcaklıklara çok hızlı bir şekilde ulaşacaktır. Isı kaynağı sabit bir noktadan çapraz kesit düzlemine geçtiği zaman, sıcaklık düşmeye başlar ve uzun bir süre sonunda ana metale yaklaşır [76-78].

Rosenthal [79] tarafından geliştirilen matematiksel model iki boyutlu (2B) ve üç boyutlu (3B) problemler için kaynak parçalarındaki ısı dağılımı için çözüm sunar. Bu model daha sonra Nunes tarafından revize edilmiştir.

4.3. Nümerik Metodlar

Nümerik modellemeler için Sonlu Farklar ve Sonlu Elemanlar Yöntemleri ile çözüm yapan Monte Carlo, Particle Methods ve Continuum Physics gibi farklı bilgisayar programları vardır. Bunlardan Monte Carlo metodu deneysel olmayan yada çok az deneysel olan problemlerin hızlı çözümlenmesini sağlayabilen istatistiksel bir metoddur. Particle Metodu yapılardaki sonlu sayılardaki problemleri çözümünü sağlayan yöntemdir. Continuum Physics metodu zaman ve mekana bağlı olarak sürekli değişen sıcaklık ve yoğunluk gibi malzeme özelliklerine bağlı ve noktadan noktaya değişen kısmi farklı denklemler tarafından tanımlanan uygulamalar için kullanılan bir yöntemdir.

Sonlu farklar metodu simetrik problemlerin çözümü için kullanışlı bir yöntemdir. Diğer taraftan sonlu elemanlar metodu sonlu farklar metodu ile çözümü zor olan problemlerin çözümünde uygulanılan bir yöntemdir. Bu yöntem simetrik olmayan yada çok az simetrik olan durumlar için kullanışlıdır.

Düğüm noktalarındaki enerjinin değerlerinin fonksiyonu integral olarak değerlendirildiği kadar ifade edilir ve minimum enerji şartları i den i^{th} ye kadar bütün değerlerin sıfır olduğu ile ilgili integralin kısmi farklılığıdır. Bu da düğüm noktalarının çözümü için lineer denklemlerin kurulmasına yol açar.

Sonlu elemanlar yöntemi ile yapılan işlemlerinde hatalı sonuçlara yol açan çeşitli hata kaynakları vardır. Bunlar:

- Fiziksel özellik ve sabit boyut gibi hatalı veri girişi,
- Uygunsuz element tiplerinin kullanımı,
- Şekil ve boyut gibi elemanlarının yanlış verilmesi
- Yükler ve sınır şartlarının yanlış uygulanması.

Bu yüzden sonlu elemanlar metodunun etkili kullanılması ana konuların anlaşılması ile ilgilidir.

Bir mühendislik probleminde tipik bir sonlu elemanlar metodu genellikle bazı adımlara bağlıdır[80, 81].

- Ön İşlemler:

1- Sonlu elemanlarla ilgili tanımlamalar

2- Element denklemlerinin formülasyonu

3- İlgili verilerin denkleme yerleştirilmesi

4- Sınır şartlarının uygulanması.

- Çözüm

Isı transfer problemleri için sınır sıcaklık değerleri gibi parametrelere bağlı hesaplama ve denklemlerin çözümü

- İşlemlerden sonra:

  Isı akışı, gerilimler gibi önemli bilgilerin elde edilmesi.

Günümüzde nümerik matematik problemlerinin çözümü için çeşitli paket programları vardır. Bu programların çoğu özel problem çözümlerine hitap eden ve çalışıldığı problem türünü çözebilen programlardır.

4.4. İletim İle Isı Transferi Denklemi

Katı malzeme boyunca iletimle ısı transferi Fourier denklemi ile ifade edilir. Bu denklem göre ısı akışı q(W/m^2) ile malzeme yüzeyine yayılırken sıcaklık gradyantı dT/dn (K/m) ters yönde hareket eder. Burada ısı iletim katsayısı da k (W/mK) dır.

$$q=-kA\frac{dT}{dx} \qquad (4.1)$$

termal iletim katsayısı (k) malzemenin kimyasal kompozisyonuna, sıcaklığına ve mikroyapı durumuna bağlıdır, A; alan, T; sıcaklık ve x; büyüklük parametresidir [75].

4.5. Taşınım İle Isı Transferi Denklemi

Doğal ısı iletim olayı sıcaklık farklılıkları sonucu oluşur. Newton'un soğuma kanununa göre; sıvı yada gaz ile temas eden katıdan ısı akışı hem yüzey sıcaklıkları (T) hem de iletimle ısı trasferinin bir katsayısı vasıtasıyla eriyiğin hacim sıcaklığı (To) farklılığı ile orantılıdır:

$$q=hA(T_y-T_\infty) \qquad (4.2)$$

Burada; h: taşınınla ısı transfer katsayısı, A: ısı akışının olduğu yüzey alanı, T. Yüzey sıcaklığı ve T∞: ortam sıcaklığıdır.

4.6. Işınım ile Isı Transferi Denklemi

Yapılarda karşılıklı ısı değişim durumu söz konusudur. Çünkü yapılar elektromanyetik dalgalar yayarlar. Bir yapıda birim zamanda ve birim alanda radyasyonla oluşan ısı, Stefan-Boltzmann'a göre:

$$q^{1} = \varepsilon\sigma FAT^{4} \qquad (4.3)$$

Burada; T [K]:sıcaklık, σ (Stefan-Boltzmann sabiti) =5,67x10^{-8} (W/m^{2}K^{4}), F: şekil faktörü. Kaynak işleminde ışınım doğrudan atmosfere olduğundan şekil faktörü 1 olarak kabul edilir. ε gri yapılar için <1, ε metalik yüzeyler için =0,2-0,4, çeliklerde oksitli yüzeler için =0,6-0,9

$$q = \varepsilon\sigma A(T^{4} - T_{\infty}^{4}) \qquad (4.4)$$

4.7. Kaynakta Isı Girişi

$$H = \eta \frac{P}{v} \qquad (4.5)$$

$$P=EI \qquad (4.6)$$

$$H = \eta \frac{EI}{v} \qquad (4.7)$$

Burada; H; net ısı girişi (Joule/mm), ή; ısı transfer etkisi azalması, P; ısı kaynağından alınan toplam enerji (watt), E; voltaj, I; Amper, v: kaynak hızı mm/sn).

4.8. Bir Katı Malzemedeki Enerji Üretimi

Katı malzemelerde, kimyasal, nükleer yada elektrik enerjisi gibi enerjiler termal enerjiye dönüştüğünde ısı üretimi olacaktır. Isı üretim oranı için aşağıdaki eşitlik ile hesaplanır.

$$\dot{E}_{ü} = q^{III}\, V \qquad (4.8)$$

Burada; q^{III}= birim hacimde üretilen ısı (W/m^{3}), V= malzemenin hacmi (m^{3}).

4.9. Bir Katı Malzemedeki Enerji Depolanması

$$E_{d} = \rho c V \frac{\partial T}{\partial t} \qquad (4.9)$$

Burada; $\dot{E}_d$: malzemede depolanan enerji miktarı (W/m^3), ρ: yoğunluk (g/cm^3), V: malzemenin hacmi (m^3), t: zaman (sn), T: sıcaklık (K) ve c: malzemenin spesifik ısısı.

4.10. Üç Boyutlu Isı İletiminin Genel Denklemi

Şekil 4.4'de katı bir malzemedeki diferansiyel bir eleman gösterilmektedir. Birim elemanın dx, dy ve dz kenarları olan bir küptür ve hacmi dV=dx.dy.dz dir. Burada enerji denge eşitliği ise;

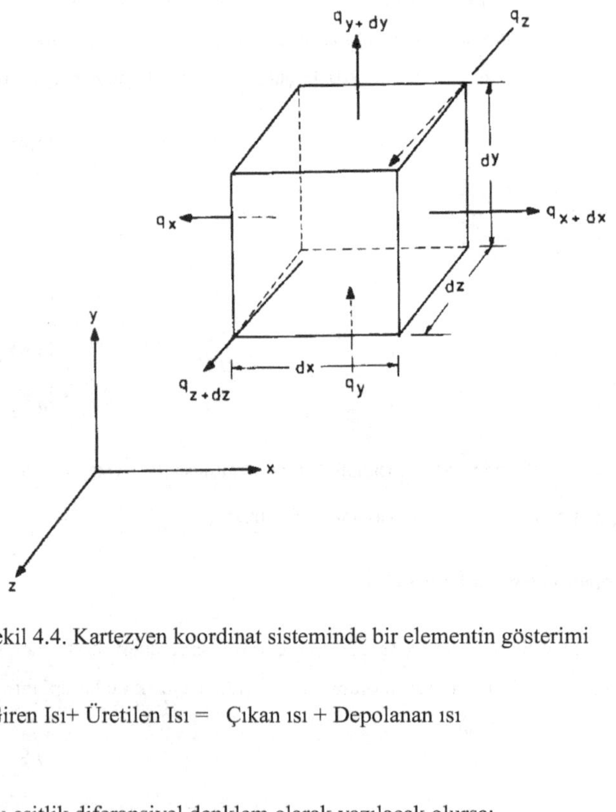

Şekil 4.4. Kartezyen koordinat sisteminde bir elementin gösterimi

Giren Isı+ Üretilen Isı = Çıkan ısı + Depolanan ısı (4.10)

Bu eşitlik diferansiyel denklem olarak yazılacak olursa;

$$(q_x + q_y + q_z) + (q'''dV) = (q_{x+dx} + q_{y+dy} + q_{z+dz}) + (\rho c dV \frac{\partial T}{\partial t}) \quad (4.11)$$

Burada;

$$q_{x+dx} = q_x + \frac{\partial q_x}{\partial x} dx \qquad (4.12)$$

Fourier kanununda;

$$q_X = -kA\frac{\partial T}{\partial x} \qquad (4.13)$$

Olarar yazılır. Bu durumda eşitlik;

$$(q_x + q_y + q_z) + (q''' dV) = (q_x + \frac{\partial q_x}{\partial x} dx + q_y + \frac{\partial q_y}{\partial y} dy + q_z + \frac{\partial q_z}{\partial z} dz) + (\rho c dV \frac{\partial T}{\partial t})$$

Sadeleştirildiğinde;

$$k(\frac{\partial^2 T}{\partial x^2} + \frac{\partial^2 T}{\partial y^2} + \frac{\partial^2 T}{\partial z^2}) + q''' = \rho c \frac{\partial T}{\partial t} \qquad (4.14)$$

Şeklinde yazılır.

Eş. 4.14 deki diferansiyel eşitlik katı yapılardaki ısı iletim denklemidir. Eğer ısı iletim k=sürekli ise Eş. 4.14;

$$\frac{\partial^2 T}{\partial x^2} + \frac{\partial^2 T}{\partial y^2} + \frac{\partial^2 T}{\partial z^2} + \frac{q}{k} = \frac{1}{\alpha}\frac{\partial T}{\partial t}$$ şeklinde olur. (4.15)

Burada; α; termal difüzyon ve (k/pc)'ye eşittir. Eş. 4.15 üniform katı malzemelerde sıcaklık dağılımını temsil eden iletim denklemidir. Eğer yapıda ısı kaynağı yoksa;

$$\frac{\partial^2 T}{\partial x^2} + \frac{\partial^2 T}{\partial y^2} + \frac{\partial^2 T}{\partial z^2} = \frac{1}{\alpha}\frac{\partial T}{\partial t}$$ şeklinde yazılır. (4.16)

Eğer yapıda ısı kaynağı var ve sabit rejim halinde ise;

$$\frac{\partial^2 T}{\partial x^2}+\frac{\partial^2 T}{\partial y^2}+\frac{\partial^2 T}{\partial z^2}+\frac{q}{k}=0 \quad \text{olur.} \tag{4.17}$$

Eğer yapıda ısı kaynağı yoksa ve sabit durumda ise;

$$\frac{\partial^2 T}{\partial x^2}+\frac{\partial^2 T}{\partial y^2}+\frac{\partial^2 T}{\partial z^2}=0 \quad \text{olur.} \tag{4.18}$$

Yapı x, y, z kartezyen koordinat sistemi yerine silindirik koordinat sistemi ile (r, Φ, z) temsil ediliyorsa, Eş. 6.16;

$$\frac{\partial^2 T}{\partial r^2}+\frac{1}{r}\frac{\partial T}{\partial r}+\frac{1}{r^2}\frac{\partial^2 T}{\partial \phi^2}+\frac{\partial^2 T}{\partial z^2}+\frac{q}{k}=\frac{1}{\alpha}\frac{\partial T}{\partial t} \quad \text{şeklinde olur.} \tag{4.19}$$

Yapı x, y, z kartezyen koordinat sistemi yerine küresel koordinat sistemi ile (r, Φ, Ψ) temsil ediliyorsa;

$$\frac{1}{r^2}\frac{\partial}{\partial r}(r^2\frac{\partial T}{\partial r})+\frac{1}{r^2 sin\phi}.\frac{\partial}{\partial \phi}(sin\phi.\frac{\partial T}{\partial \phi})+\frac{1}{r^2 sin^2\phi}.\frac{\partial^2 T}{\partial \psi^2}+\frac{q}{k}=\frac{1}{\alpha}\frac{\partial T}{\partial t} \tag{4.20}$$

şeklinde olur.

Başlangıç ve sınır şartları

Eş. 4.11 veya Eş 4.15'deki diferansiyel eşitliğin ikinci düzenlenmesi için iki sınır şartına ihtiyaç vardır. Olası sınır şartları;

S_1 yüzeyinde, t>0 için

$$T(x, y, z, t) = To \tag{4.21}$$

S_2 yüzeyinde t>o için

$$\frac{\partial T}{\partial x}+\frac{\partial T}{\partial y}+\frac{\partial T}{\partial z}+\frac{q}{k}=0 \tag{4.22}$$

ve S_3 yüzeyinde t>0 için;

$$\frac{\partial T}{\partial x}+\frac{\partial T}{\partial y}+\frac{\partial T}{\partial z}+\frac{h}{k}(T-T_\infty)=0 \qquad (4.23)$$

Eş. 4.11 yada Eş. 6.15 deki diferansiyel eşitlikler t zamanında düzenlenmesinde bir tane başlangıç şartı gereklidir ve genellikle; V hacminde

$$T(x,y,z,t=0)=\bar{T}_o(x,y,z) \qquad (4.24)$$

4.11. Sonlu Elemanlar Yöntemi ile Problem Çözümü

Mühendislik ve uygulamalı bilimlerdeki birçok problem diferansiyel veya integral denklemler ile tanımlanır. Bu denklemlerin çözümü, ilgilenilen probleme ilişkin kapalı formda kesin bir sonuç verecektir. Ancak geometrideki veya sınır şartlarındaki karmaşıklık gerçek çözümün elde edilememesine veya makul bir zaman dilimi içerisinde elde edilememesine yol açar. Sonlu Elemanlar Yöntemi (SEY), katı mekaniği, sıvı mekaniği, akustik, elektromanyetizma, biyomekanik, ısı transferi gibi alanlarda karşımıza çıkan

- Karmaşık sınır koşullarına sahip sistemlere
- Düzgün olmayan geometriye sahip sistemlere
- Kararlı hal, zamana bağlı ve özdeğer problemlerine
- Lineer ve lineer olmayan problemlere

uygulanabilir.

Sonlu Elemanlar Yönteminin iki önemli özelliği şunlardır:

- Fiziksel alanın sonlu elemanlara bölünüp basit yaklaşım fonksiyonları ile elde edilen çözüm oldukça yüksek bir doğruluğa sahiptir.
- Yaklaşımda kullanılan fonksiyonların lokalitesi, kesikli problem için seyrelmiş (sparse) denklem sistemlerine götürür. Bu durum çok sayıda düğüm bilinmeyene sahip sistemin çözümünü kolaylaştırır.

Sonlu Elemenler Yöntemi Prensipleri:

a) Sürekliliği kesikleştirme: Çözüm bölgesini sonlu elemanlara bölme aşamasıdır.
b) İnterpolasyon fonksiyonlarını seçmek: İnterpolasyon fonksiyonları, eleman boyunca alan değişkenlerini interpole etmek için kullanılmaktadır. Genelde, polinomlar interpolasyon fonksiyonları olarak seçilmektedir. Polinomun derecesi, elemana atanmış düğüm sayısına bağlıdır.
c) Eleman özelliklerini bulmak: Sonlu elemanlar için matris denklemi bilinmeyen fonksiyonun düğüm değerlerini diğer parametrelere bağlayacak şekilde oluşturulmalıdır. Bunun için farklı yaklaşımlar kullanılabilir: En uygunları, varyasyonel yaklaşım ve Galerkin metodudur.
d) Eleman denklemlerini bir araya getirmek: Tüm çözüm bölgesi için global denklem sistemini bulmak için tüm elemanlara ait eşitlikler bir araya getirilmelidir. Diğer bir deyişle, kesiklilik için kullanılan tüm elemanlara ait lokal eleman eşitlikleri birleştirilmelidir. Çözüm öncesinde, sınır koşulları tanımlanmalıdır..
e) Genel denklem sistemini çözmek: Sonlu eleman genel denklem sistemi tipik olarak sparce, simetrik ve pozitif tanımlıdır. Çözüm için direkt ve iteratif metotlar kullanılabilir. Göz önüne alınan fonksiyonun düğümsel değerleri çözümün sonucu olarak oluşturulmaktadır.
f) Ek sonuçları hesaplamak: Birçok durumda ek parametreleri hesaplamaya da ihtiyaç duyulur. Örneğin yer değiştirme ile birlikte, mekanik problemlerinde zor ve zorlanma; ki bu yer değiştirme, genel denklem sisteminin çözümünden sonra elde edilmektedir [82].

Eş. 4.11 yada Eş. 4.13 deki katı malzemedeki sıcaklık dağılımı diferansiyel eşitliği çözümü için, Eş. 4.25 deki başlangıç şartı, Eş. 4.22 ve Eş. 4.24 deki sınır şartları uygundur. Üç boyutlu ısı iletim probleminin minimum potansiyel enerji ilkesine göre varyasyonel hale getirildiğinde;

$$I = \frac{1}{2}\iiint_V \left[k\left((\frac{\partial T}{\partial x})^2 + (\frac{\partial T}{\partial y})^2 + (\frac{\partial T}{\partial z})^2 \right) + 2(q + \rho c\frac{\partial T}{\partial t})T \right] dV \quad \text{olur.} \qquad (4.25)$$

Eş. 4.11 ve 4.25 nın fonksiyonelliği için Euler-Lagrange eşitlik denkliği doğrulanabilir. Genellikle Eş. 4.22 yi sınır şartı olarak uygulamak zor değildir. Fakat Eş. 4.22 ve 4.23 zordur. Eş. 4.22 ve 4.23 ün integrale bağlı sınır şartlarının zorluğunun üstesinden gelmek için, Eş. 4.25 nın fonksiyonundan yardım alınır. Eş. 4.22 ve 4.23 sınır şartları Eş. 4.23 ün fonksiyonu olarak minimum potansiyel enerji ilkesine göre düzenlendiğinde sınır şartı olarak uygulanabilinir. Eş. 4.22 ve 4.23 ün integrali;

$$\iint_{S_2} qTdS_2 + \iint_{S_3} \frac{1}{2} h(T - T\infty)^2 dS_3 \qquad (4.26)$$

Bunun sonucu olarak minimize edilince;

$$I = \frac{1}{2}\iiint_V \left[k\left((\frac{\partial T}{\partial x})^2 + (\frac{\partial T}{\partial y})^2 + (\frac{\partial T}{\partial z})^2 \right) + 2(q + \rho c\frac{\partial T}{\partial t})T \right] dV + \iint_{S_2} qTdS_2 + \frac{1}{2}\iint_{S_3} h(T - T\infty)^2 dS_3 \qquad (4.27)$$

olur.

Sonlu elemanlar yöntemi ile bu denklemler "*varyasyonel yaklaşım*" yada "Galerkin *yaklaşımı*" ile çözülebilir.

Varyasyonel yaklaşım ile çözmek için;

- İlk olarak, V hacmi E sonlu elemanları içinde p düğüm noktalarına bölünür.
- Her sonlu elemanda T'nin değişiminin uygun bir şekilde olduğu, *e* bir eleman olarak, $T^{(e)}(x,y,z,t)$ olur.

$T^{(e)}(x,y,z,t)=[N(x,y,z)]\ T^{(e)}$

$$T^{(e)}(x,y,z,t) = \left[N(x,y,z) \right] \vec{T}^{(e)} \qquad (4.28)$$

Burada; $\left[N(x,y,z) \right] = \left[N_1(x,y,z) N_2(x,y,z) ... N_p(x,y,z) \right]$

ve

$$\vec{T}^{(e)} = \begin{Bmatrix} T_1(t) \\ T_2(t) \\ . \\ . \\ . \\ T_p(t) \end{Bmatrix}^{(e)}$$

T$_i$*(t), i* nodunun sıcaklığını ifade eder ve $N_i(x,y,z)$ *e* elementinin *i* noduna gelen iç değer fonksiyonudur.

- $I^{(e)}$ E elementinin miktarı olarak;

$$I = \sum_{e=1}^{E} I^{(e)} \tag{4.9}$$

Burada;

$$I^{(e)} = \iiint_{V^{(e)}} \left[k_x \left(\frac{\partial T^{(e)}}{\partial x}\right)^2 + k_y \left(\frac{\partial T^{(e)}}{\partial y}\right)^2 + k_z \left(\frac{\partial T^{(e)}}{\partial z}\right)^2 - 2\left(q - \rho c \frac{\partial T^{(e)}}{\partial t}\right) T \right] dV$$

$$+ \iint_{S_2^{(e)}} q T^{(e)} dS_2 + \frac{1}{2} \iint_{S_3^{(e)}} h (T^{(e)} - T\infty)^2 dS_3 \tag{4.30}$$

Gerekli şartlar kullanılarak, I minimize edildiğinde;

$$\frac{\partial I}{\partial T_i} = \sum_{e=1}^{E} \frac{\partial I^e}{\partial T_i} = 0, i = 1, 2, ..., M \tag{4.31}$$

M; sıcaklığı bilinmeyen nod sayısı. Eş. 6.27 de bunu yerine yazdığımızda,

$$\frac{\partial I^{(e)}}{\partial T_i} = \iiint_{V^{(e)}} \left[k_x \frac{\partial T^{(e)}}{\partial x} \frac{\partial}{\partial T_i} \left(\frac{\partial T^{(e)}}{\partial x}\right) + k_y \frac{\partial T^{(e)}}{\partial y} \frac{\partial}{\partial T_i} \left(\frac{\partial T^{(e)}}{\partial y}\right) + k_z \frac{\partial T^{(e)}}{\partial z} \frac{\partial}{\partial T_i} \left(\frac{\partial T^{(e)}}{\partial z}\right) - \left(q - \rho c \frac{\partial T^{(e)}}{\partial t}\right) \frac{\partial T^{(e)}}{\partial T_i} \right] dV$$

$$+ \iint_{S_2^{(e)}} q \frac{\partial T^{(e)}}{\partial T_i} dS_2 + \frac{1}{2} \iint_{S_3^{(e)}} h (T^{(e)} - T\infty)^2 \frac{\partial T^{(e)}}{\partial T_i} dS_3$$

(4.32)

olur.

Eğer i nodunun S2 ve S3 yüzeylerine uzanmıyorsa, Eş. 4.31 deki yüzey integralleri açık değildir. Buna göre Eş. 4.28 da verilen eşitlik;

$$\left.\begin{aligned} &\frac{\partial T^{(e)}}{\partial x} = \left[\frac{\partial N_1}{\partial x}\frac{\partial N_2}{\partial x}\cdots\frac{\partial N_P}{\partial x}\right]\vec{T}^{(e)} \\ &\frac{\partial}{\partial T_i^{(e)}}\left(\frac{\partial T^{(e)}}{\partial x}\right) = \frac{\partial N_i}{\partial x} \\ &\frac{\partial T^{(e)}}{\partial T_i} = N_i \\ &\frac{\partial T^{(e)}}{\partial t} = [N]\vec{T}^{(e)} \end{aligned}\right\} \text{olur.} \qquad (4.33)$$

Burada;

$$\vec{T}^{(e)} = \begin{Bmatrix} \partial T_1 / \partial t \\ . \\ . \\ . \\ \partial T_P / \partial t \end{Bmatrix} \text{dir.}$$

Buna göre Eş. 4.31 yi tekrar düzenlersek;

$$\frac{\partial I^{(e)}}{\partial \vec{T}^{(e)}} = \left[K_1^{(e)}\right]\vec{T}^{(e)} - \vec{P}^{(e)} + \left[K_2^{(e)}\right]\vec{T}^{(e)} + \left[K_3^{(e)}\right]\vec{T}^{(e)} \text{ olur.} \qquad (4.34)$$

Burada; $\left[K_1^{(e)}\right],\left[K_2^{(e)}\right],\left[K_3^{(e)}\right] ve \vec{P}^{(e)}$ 'nin elementleri;

$$K_{1ij}^{(e)} = \iiint_{V^{(e)}} \left(k_X \frac{\partial N_i}{\partial x}\frac{\partial N_j}{\partial x} + k_y \frac{\partial N_i}{\partial y}\frac{\partial N_j}{\partial y} + k_y \frac{\partial N_i}{\partial z}\frac{\partial N_j}{\partial z} \right) dV, \qquad (4.35)$$

$$K_{2ij}^{(e)} = \iint_{S_3^{(e)}} h N_i N_j dS_2, \qquad (4.36)$$

$$K_{3ij}^{(e)} = \iiint_{V^{(e)}} pc N_i N_j dV, \qquad (4.37)$$

$$P_i^{(e)} = \iiint\limits_{V^{(e)}} qN_i dV - \iint\limits_{S_2^{(e)}} qN_i dS_2 + \iint\limits_{S_3^{(e)}} hT_\infty N_i dS_3 \qquad (4.38)$$

Eş. 4.31 yi matris formunda tekrar yazarsak;

$$\frac{\partial I}{\partial \vec{T}} = \sum_{e=1}^{E} \frac{\partial I^{(e)}}{\partial \overrightarrow{T^{(e)}}} = \sum_{e=1}^{E} \left(\left[\left[K_1^{(e)} \right] + \left[K_2^{(e)} \right] \right] T^{(e)} - \vec{P}^{(e)} + \left[K_3^{(e)} \right] T^{(e)} \right) = \vec{0}$$

(4.39)

Burada;

$$\vec{T} = \begin{Bmatrix} T_1 \\ T_2 \\ . \\ . \\ . \end{Bmatrix} = \text{sitemin bilinmeyen nod sıcaklıklarının vektörü.}$$

Eş. 4.39 alışıldık çevirme işlemi kullanılarak düzenlendiğinde;

$$[K_3]\vec{T} + [K]\vec{T} = \vec{P} \text{ olur.} \qquad (4.40)$$

Burada;

$$[K_3] = \sum_{e=1}^{E} \left[K_3^{(e)} \right], \qquad (4.41)$$

$$[K] = \sum_{e=1}^{E} \left[\left[K_1^{(e)} \right] + \left[K_2^{(e)} \right] \right], \qquad (4.42)$$

ve

$$\vec{P} = \sum_{e=1}^{E} \vec{P}\sigma^{(e)}, \text{ dir.} \qquad (4.43)$$

Eş. 4.41 ve 4.25 deki başlangıç şartları durumu ve Eş. 4.22 deki S_1 üzerindeki sınır şartları dâhil edildikten sonra çözülebilir.

Galerkin yaklaşımı ile çözmek için;

- İlk olarak, V hacmi, E sonlu elemanlar içinde p nodlarına (düğüm noktalarına) bölünür.
- Her sonlu elemanda T'nin değişiminin uygun bir şekilde olduğu ve *e* bir eleman olarak, $T^{(e)}$(x,y,z,t) olur.

$T^{(e)}$(x,y,z,t)=[N(x,y,z)] $T^{(e)}$

$$T^{(e)}(x,y,z,t)=\left[N(x,y,z)\right]\vec{T}^{(e)} \quad (4.27)$$

Galerkin metodunda, elemanın etki alanı üzerinde kalıcı ağırlığın integrali *Ni* fonksiyonu ara değerine aynı ağırlıklar verilerek eşitlik sıfıra eşitlenir.

$$\iiint_{V^{(e)}} N_i\left[\frac{\partial}{\partial x}(k_x\frac{\partial T^{(e)}}{\partial x})+\frac{\partial}{\partial y}(k_y\frac{\partial T^{(e)}}{\partial y})^2+\frac{\partial}{\partial z}(k_z\frac{\partial T^{(e)}}{\partial z})+q-pc\frac{\partial T^{(e)}}{\partial t})T\right]dV=0$$

$$i=1,2,...,p \quad (4.44)$$

Eş. 6.41 nin birinci integrali alınırsa;

$$\iiint_{V^{(e)}} N_i\frac{\partial}{\partial x}(k_x\frac{\partial T^{(e)}}{\partial x})dV=-\iiint_{V^{(e)}}\frac{\partial N_i}{\partial x}k_x\frac{\partial T^{(e)}}{\partial x}dV+\iint_{S^{(e)}} N_ik_x\frac{\partial T^{(e)}}{\partial x}l_xdS \quad (4.45)$$

Lx; x yönündeki dışa geçiş yön kosinüsü.

Eş. 6.41 ikinci ve üçüncü integralide benzerdir;

$$\iiint_{V^{(e)}}\left[k_x\frac{\partial N_i}{\partial x}\frac{\partial T^{(e)}}{\partial x}+k_y\frac{\partial N_i}{\partial y}\frac{\partial T^{(e)}}{\partial y}+k_z\frac{\partial N_i}{\partial z}\frac{\partial T^{(e)}}{\partial z}\right]dV$$

$$+\iint_{S^{(e)}} N_i\left[k_x\frac{\partial T^{(e)}}{\partial x}l_x+k_y\frac{\partial T^{(e)}}{\partial y}l_z+k_z\frac{\partial T^{(e)}}{\partial z}l_z\right]dS \quad (4.46)$$

$$+\iiint_{V^{(e)}} N_i(q=pc\frac{\partial T^{(e)}}{\partial t})dV=0$$

$$i=1,2,...,p$$

$S^{(e)}$ elemanının sınırını $S_1^{(e)}$ $S_2^{(e)}$ ve $S_3^{(e)}$ oluşturduğu için, $S_1^{(e)}$ üzerinde Eş. 4.46 nin yüzey integrali sıfır olmalıdır. $S_2^{(e)}$ ve $S_3^{(e)}$ yüzeyindeki sınır şartları Eş. 4.22 ve 4.23 de tanımlanmıştı. Buna göre $S_2^{(e)}$ ve $S_3^{(e)}$ üzerindeki Eş. 4.46 nin yüzey integrali yazılırsa;

$$\iint_{S_2^{(e)}+S_3^{(e)}} N_i\left[k_x\frac{\partial T^{(e)}}{\partial x}l_x+k_y\frac{\partial T^{(e)}}{\partial y}l_z+k_z\frac{\partial T^{(e)}}{\partial z}l_z\right]dS = \iint_{S_2^{(e)}} N_i q dS_2-\iint_{S_3^{(e)}} h\left(T^{(e)}-T_\infty\right)dS_3 \qquad (4.47)$$

Eş. 4.25 kullanılarak Eş. 4.46 ve 4.47 matris formatına getirilirse;

$$\left[K_1^{(e)}\right]\vec{T}^{(e)}+\left[K_2^{(e)}\right]\vec{T}^{(e)}+\left[K_3^{(e)}\right]\vec{T}^{(e)}-\vec{P}^{(e)}=0 \qquad (4.48)$$

Burada; $\left[K_1^{(e)}\right],\left[K_2^{(e)}\right],\left[K_3^{(e)}\right] ve \vec{P}^{(e)}$ matrislerinin elemanları, Eş. 4.35 ve 4.36 deki eşitliklerle aynı olduğu görülmektedir.

Eş. 4.44, genel eşitlikle elde edilen usulle birleştirilebilir;

$$[K_3]\vec{T}+[K]\vec{T}=\vec{P} \qquad (4.49)$$

Burada; $[K_3],[K] ve \vec{P}$ Eş. 4.40, 4.42 ve 4.43 verilen eşitliklerle aynı şekilde tanımlanır. Görüldüğü gibi her iki yaklaşımda da eşitlik (4.40) ve (4.49) aynı şekilde olmuştur [26,32,83-85].

4.12. Kaynakta Kalıcı Gerilimler

Kaynak işlemi ile bölgesel olarak ergime sıcaklığına kadar ısıtılan kaynaklı parçalarda, soğuma işlemi parça genelinde ve ısınma işlemi hızına nazaran daha yavaş meydana gelir. Bu sebepten dolayı, soğuma işlemi esnasında kaynaklı parçadaki sıcaklık dağılımı uniform değildir ve bağlantı boyunca yapısal ve metalürjik değişiklikler meydana gelir.

Soğuma işleminin başlamasıyla, kaynak metali ve kaynak metaline bitişik ısının etkisi altındaki bölgenin sıcaklıkları, esas metalin sıcaklığından çok daha yüksektir. Kaynak dikişi katılaşıp, büzülürken, kendisini çevreleyen esas metal, ısı etkisi altındaki bölgeye gerilme uygular. Kaynak metali, katılaşmanın başlangıçında sıcaktır ve mekanik özellikleri esas metale nazaran daha zayıftır. Bu sebeple uyguladığı gerilmenin değeri düşüktür. Kaynak bölgesinin sıcaklık değeri ortam sıcaklığına ulaşana kadar uygulanan gerilme değeri artar ve esas metal ile ısının etkisi altındaki bölgenin akma dayanımına ulaşır.

Kaynak işlemi esnasında, yeni katılaşan bölgeler, kaynak dikişinin diğer bölgelerinin büzülmesine karşı koyarlar. Şekil 4.5'de gösterildiği gibi, ilk kaynak yapılan bölgeler kaynak dikişi doğrultusunda çekmeye zorlanırlar. Alın birleştirmelerde, kaynak ağız formundan ya da mevcut pasoların sınırlayıcı etkisinden dolayı kaynak bölgesinin enine hareketi yok denecek kadar azdır. Kaynak dikişindeki büzülmenin neticesinde Sekil 4.6'da görülen enine kalıcı gerilmeler meydana gelecektir.

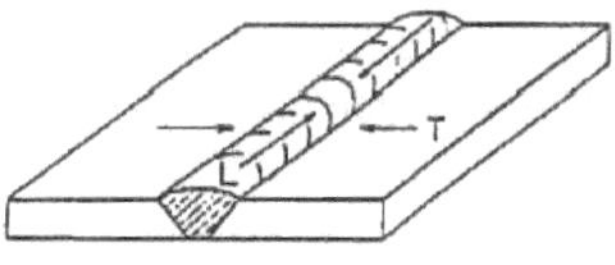

Sekil 4.5. Bir alın dikişindeki enine (T) ve boyuna (L) büzülme gerilmeleri

Kaynak işlemi neticesinde kaynaklı parçalarda meydana gelen kalıcı gerilmeler, ya distorsiyona yol açarlar ya parçada erken hasara sebep olurlar ya da her ikisine de neden olmadan sadece iç gerilme olarak kalabilirler. Bu etkiler ayrı ayrı gerçekleşebileceği gibi aynı anda da parçada gerçekleşebilir. Kaynak işlemi neticesinde ısınan kaynak bölgesi uniform olmayan büzülme davranışı gösterir, çünkü kaynak dikişinin enine kesitindeki büzülme, bu enine kesite eksantrik kuvvetler uygular ve böylece büzülme miktarları eşit olmaz. Sonuç olarak distorsiyon meydana gelir. Kaynaklı parçalar gerilmeler neticesinde elastik olarak sekil değiştirir ve parçada gözle görülebilecek oranda distorsiyonlar meydana gelir. Alın birleştirmelerde, kaynak dikişinin üst bölgesi, kök bölgesine nazaran daha fazla büzülür. Bu sebeple bu tip kaynaklı birleştirmelerde uzunlamasına ve enine çarpılmalara ek olarak açısal çarpılma da meydana gelebilir. Açısal çarpılmalar, kaynak dikişi boyunca levhada enine eğilmelere neden olur. Bu etkiler Şekil 4.6'te gösterilmiştir.

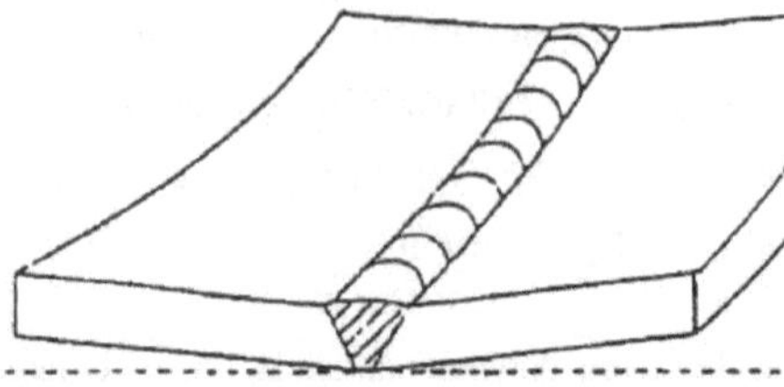

Sekil 4.6. Bir alın kaynaklı birleştirmede distorsiyon

Farklı tekniklerle, kaynak işlemi sonucunda oluşacak distorsiyonlar engellenebilir. Bu tekniklerden birinde parça kaynak işlemi sonunda oluşması istenen geometride yerleştirilir ya da kaynak esnasında distorsiyona uğraması engellenir. Başka bir teknikte ise, kaynak metali, simetri ekseninin her iki tarafında dengeli olacak şekilde konstrüksiyon tasarlanır ve bu dizayn doğrultusunda kaynak yapılır. Seçilen kaynak yöntemi ve kaynak sırası, distorsiyon ve kalıcı gerilme oluşumunda çok etkili parametrelerdir. Distorsiyona uğrayan kaynaklı parçalar gerek görülürse, kaynak işleminden sonra ısıl işlemlerle doğrultulabilir.

Kaynaklı parçada meydana gelen kalıcı gerilme ve distorsiyonlar, malzemelerin kırılma davranışını etkiler. Düşük değerlerdeki harici gerilmelerde dahi burkulma ve gevrek kırılma meydana gelir. Parçada kalıcı gerilme ve distorsiyonların birlikte olması halinde, burkulma beklenenden çok daha düşük basma gerilmeleri meydana gelir. Çekme halinde ise, düşük tokluğa sahip kaynak bölgelerinde kalıcı gerilmeler yüksek lokal gerilmelere sebep olur ve sonuç olarak düşük değerlerdeki gerilmeler tarafından ilerletilebilen gevrek tip çatlaklar oluşturulabilir. Ayrıca kalıcı gerilmeler, yorulma ve korozyon hasarlarını da arttırır.

Kaynaklı parçalarda, kaynak işlemi neticesinde meydana gelen kalıcı gerilmeleri azaltmak için ısıl işlemler uygulanabilir. Isıl gerilim giderme işlemlerinde parça malzemesinin akma sınırı, plastik sekil değişiminin oluşabileceği daha düşük seviyeye düşürülür ve böylece gerilmeler azaltılır. Isıl gerilim giderme işlemlerinden parçanın mekanik özellikleri de etkilenir. Örneğin, kaynaklı parçada ısının etkisi altındaki bölge temperlenerek kaynak dikişindeki kalıcı gerilmeler azaltıldığında, çelik parçaların gevrek kırılmaya karşı direnci artar.

Kaynaklı metal yapılarda güvenilirliğin arttırılması çok önemlidir. Mühendislerin tasarım aşamasında, kalıcı gerilme ve distorsiyonun etkilerini, süreksizliklerin varlığını, parçanın mekanik özelliklerini, tahribatsız deney şartlarını ve toplam imalat maliyetlerini göz önünde bulundurmaları gerekmektedir.

4.12.1. Kalıcı gerilmelerin oluşumu

Kaynak işlemi neticesinde kaynaklı parçada meydana gelen kalıcı gerilmeler, kendilerini oluşturan mekanizmalara göre; yapısal uyumsuzluk ya da ısıl genleşmeler sonucunda oluşan gerilmeler olarak sınıflandırılabilir.

Yapısal uyumsuzluk neticesi ile meydana gelen kalıcı gerilmeler

Şekil 4.7'da gösterilen farklı uzunluktaki çubukların uç bölgelerinden birbirine birleştirilmesi örneği kalıcı gerilme oluşmasına ait klasik bir örnektir [84]. Kısa çubukta Q çekme gerilmeleri, uzun çubuklarda ise P ve P1 basma gerilmeleri meydana gelmektedir.

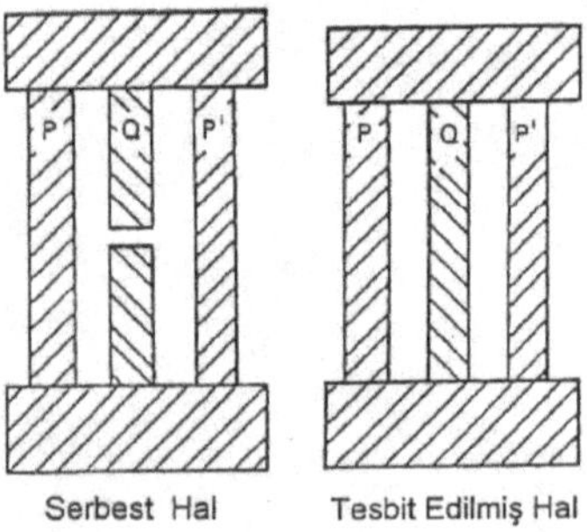

Sekil 4.7. Farklı uzunluktaki çubukların uç bölgelerinden birleştirilmeleri sonucu oluşan kalıcı gerilmeler

Sekil 4.8'da ise ısıtma ve soğutma çevrimi sebebiyle oluşan kalıcı gerilmeler açıklanmıştır [86]. Uzunluk ve kesitleri aynı alaşımsız yapı çeliğinden üç adet çubuk, uçlarından iki rijit parça ile birleştirilmiştir. Bu iki parça ve ortadaki çubuk 595°C ' ye ısıtılmış, dıştaki iki çubuk oda sıcaklığında tutularak, orta çubuk oda sıcaklığına kadar soğutulmuştur. Sekil 4.6' da, sistemde meydana gelen kalıcı gerilmeleri göstermek için, orta çubuktaki gerilmelerin sıcaklık ile değişimi grafik olarak gösterilmiştir. Dışta bulunan iki çubuk, ortadaki çubuğun deformasyonuna karsı koyar. Bu sebepten dolayı, dıştaki iki çubuktaki gerilmelerin her biri, orta çubuktaki gerilme değerinin yarısına eşittir ve ters yöndedir.

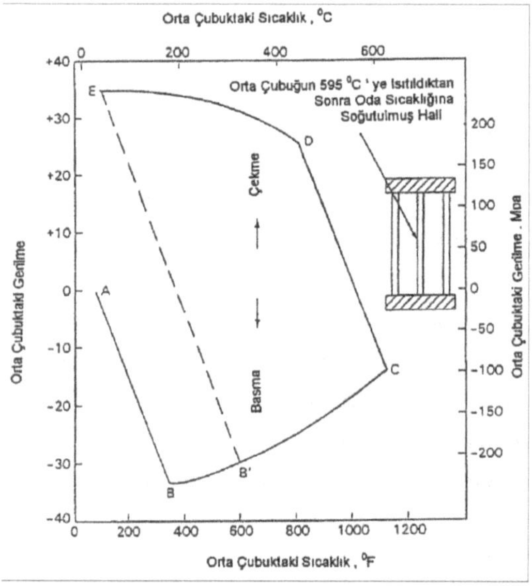

Sekil 4.8. Tesbit edilmiş çubuğun ısıtılmasının kalıcı gerilmeler üzerine etkisi

Şekil 4.9'de sabitlenmiş çubuğun ısıtılmasının kalıcı gerilmeler üzerine etkisi Orta çubuk ısıtılmaya başladığında, çubukta basma gerilmeleri oluşur, çünkü çubuktaki genleşme, dıştaki çubuklar tarafından engellenir. Orta çubuktaki sıcaklık arttıkça, AB çizgisinde gösterildiği gibi basma gerilmeleri artar. Basma halindeki akma dayanımına (B noktası) 170°C sıcaklık değerinde ulaşılır. Sıcaklık bu değerin üzerine çıkarken, orta çubuktaki gerilme, BC eğrisinden görülebileceği gibi sıcaklıkla azalan akma dayanımı ile sınırlıdır. Orta çubuk 595°C sıcaklığa ulaştığında ısıtma işlemi C noktasında kesilir.

Soğuma işlemi esnasında, orta çubukta elastik davranış görülür. Orta çubukta gerilme değeri aniden düşer, basma halinden çekme haline dönüşür ve kısa bir sürede D noktasındaki akma dayanımına ulaşır. Sıcaklık daha da düşerken, orta çubuktaki gerilme tekrar DE eğrisi ile gösterilen sıcaklığa bağlı akma dayanımıyla sınırlı kalır. Böylece orta çubukta, oda sıcaklığında akma dayanımına eşit bir kalıcı çekme gerilmesi meydana gelir. Dıştaki çubuklarda ise, basma kalıcı gerilmeler bulunur ve orta çubuktaki gerilme değerinin yarısına eşittir. Eğer B ve C noktaları arasında orta çubuğun ısıtılması kesilip oda sıcaklığına kadar soğutulsa idi, akma gerilmesinin seviyesi, DE eğrisi üzerine ulaşana kadar, çekme gerilmesi

B'E 'ye paralel bir hat boyunca elastik olarak oluşur, oda sıcaklığına gelindiğinde ise, kalıcı gerilmelerin son durumu aynı kalırdı.

Isıl Gerilmeler Neticesinde Meydana Gelen Kalıcı Gerilmeler

Sekil 4.9'da kaynak işlemi esnasında sıcaklık ve gerilmelerdeki değişiklikler şematik olarak gösterilmiştir. Bir levha üzerinde x-x doğrultusu boyunca kör bir paso oluşturulmuştur. Yerel bir O noktasında, v sabit hızıyla hareket eden kaynak arkı Sekil 4.9-a'da gösterilmiştir. x-x doğrultusu üzerinde A,B,C ve D noktalarındaki sıcaklık dağılımı Sekil 4.9-b'de açıklanmıştır. Kaynak arkı önündeki A-A kesitinde, kaynak sebebi ile oluşan sıcaklık değişimi hemen hemen sıfırdır. Kaynak arkı gerisindeki B-B kesitinde ise sıcaklık dağılımı diktir. Kaynak arkı gerisindeki C-C kesitindeki sıcaklık dağılımında diklik daha azdır. Çok geride kalan D-D kesitinde ise sıcaklık değişimi neredeyse sıfırdır ve uniform bir dağılıma sahiptir.

A-A, B-B, C-C ve D-D kesitlerindeki x yönündeki gerilmelerin dağılımı (x-x) Sekil 4.9-c'de verilmiştir. A-A kesitindeki kaynak sebebiyle meydana gelen ısıl gerilmeler sıfırdır. Kaynak dikişi altındaki B-B kesitindeki gerilmeler de sıfıra yakındır çünkü sıvı metal yük taşımaz. Isının etkisi altındaki bölgelerdeki gerilmeler, basma gerilmeleridir çünkü düşük sıcaklıktaki çevre metaller (esas metal) bu bölgelerin genleşmesini engeller. Kaynak arkı yakınındaki metal sıcaklığı çok yüksektir ve sonuç olarak akma dayanımları düşüktür. Basma gerilmeleri, metalin mevcut sıcaklığındaki akma seviyesindedir. Kaynak bölgesinden uzaklaştıkça basma gerilmelerinin değeri bir maksimum değeri ulaşır. Denge şartlarından dolayı belirli bir uzaklıkta, çekme gerilmelerinin, ısının etkisi altındaki bölgelerdeki basma gerilmeleri ile dengelenmesi gerekir. B-B kesitindeki bu denge durumu ve gerilme dağılımı Sekil 4.9-c' de ifade edilmiştir.

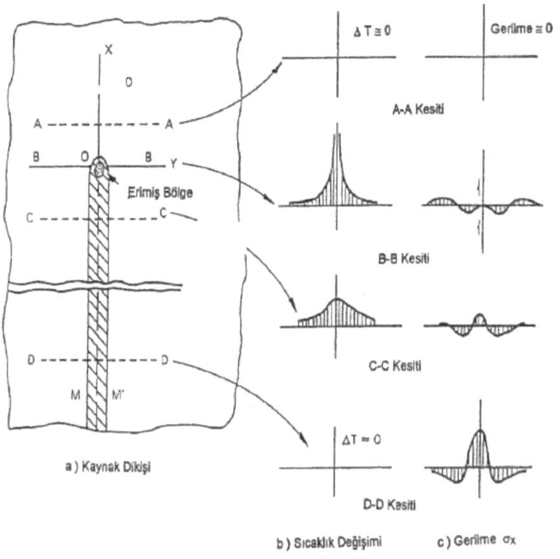

Sekil 4.9. Sıcaklık ve gerilme dağılımı

C-C kesitinde, kaynak metali ve ısının etkisi altındaki bölge kalıcı soğumuştur ve büzülmeye baslar. Bu nedenle kaynak metali çekme gerilmelerine sebep olur. Sekil 4.9c' de, gerilme dağılımından da görüleceği gibi oluşan çekme gerilmeleri, esas metaldeki basma gerilmeleri tarafından dengelenmiştir.

Kalıcı gerilmelerin son durumu D-D kesitinde gösterilmiştir. Bu kesit boyunca, kaynak dikişinden uzakta esas metalde basma gerilmeleri, kaynak dikişi ve ısının etkisi altındaki bölgelerde ise çok yüksek çekme gerilmeleri meydana gelmiştir. Tüm bu gerilme dağılımları Sekil 4.9-c' de gösterilmiştir[87].

4.12.2. Gerilim Analizi

Mekanik model ile ilişkili olarak iki adet basit denklemler seti vardır. Bunlar denge denklemleri ve yapı denklemleridir.

Isıl gerilim analizinde gerilim, gerinim, yer değiştirme alanı oluşturulan temel gerilim denklemlerinin çözümü ile hesaplanır. Gerilim analizinde; momentumun korunumu, kütlenin korunumu ve uygun gerilim-yer değiştirme ilişkisi:

$$\nabla.\sigma + b = 0 \tag{4.50}$$

$$\frac{D\rho}{D\in}\rho\nabla.v = \rho + \nabla.(\rho v) = 0 \tag{4.51}$$

$$\sigma = D\in \tag{4.52}$$

$$\varepsilon = \frac{1}{2}(\nabla u + \nabla u^{\tau}) \tag{4.53}$$

Burada; σ: gerilim, b: yapı kuvvetinin kütlesi, ρ: yoğunluk, D: malzeme özelliği, ε: gerinim, u yer değiştirmedir.

Deneme fonksiyonu N ve ağırlık fonksiyonu W, gerilim problemleri için ihmal edildiğinde;

$$\int_{\Omega} W(\nabla.\sigma \div b)d\Omega = 0 \tag{4.54}$$

Eş. 4.55'Green tanımlaması uygulandığında;

$$\begin{aligned} &\int_{\Omega} W(\nabla.\sigma)d\Omega = -\int_{\Omega} \nabla W \sigma d\Omega + \int_{\Gamma_2} W(\sigma.n)d\Gamma \\ &-\int_{\Omega} \nabla W^T \sigma d\Omega + \int_{\Omega} W^T b d\Omega + \int_{\Gamma_2} W(\sigma.n)d\Gamma = 0 \end{aligned} \tag{4.55}$$

İş denklemi yada iş prensibi olarak bilinen Eş. 4.54 daki ihmal edilmiş hal katı mekaniğinde oldukça önemlidir. Bu prensip herhangi bir uygunluk için saptanır. Küçük yer değiştirmeler dengedeki yapıyı etkiler. Yapıda içsel iş ile dışsal iş dengededir:

$$\int_{\Omega} \varepsilon^{*T} \sigma d\Omega = \int_{\Omega} \delta^{*T} b d\Omega + \delta^{*T} \mathrm{T} d\Gamma \tag{4.56}$$

Eş. 4.56 de sol tarafta verilen içsel iş yer değiştirmeye(δ) karşılık gelen denklemi gerinim(έ) boyunca gelen gerçek gerilim (σ) eşitliğidir. Yer değiştirme boyunca (b: yapı kuvveti, τ: yüzey çekme kuvveti) gelen gerçek harici kuvvetin harici işi eşitliğin sağ tarafında verilmektedir. Eş. 4.56 yapıdaki dengenin bir ifadesidir. Fakat bu eşitlik aynı zamanda uygunluk ve rijitlik gereksinimi içerir. Sonlu elemanlar analizi çözümü elde etmek için; deneme fonksiyonları seçilir:

$$\delta^* = N_i(x,y,z)\delta_i^*$$
$$\delta^{*T} = \delta_i^{*T} N_i^T(x,y,z) \quad (4.57)$$

Eğer rijitlik ilişkisi verilirse;

$$\sigma = D \in = DBu_i \quad (4.58)$$

Burada; B: yer değiştirme matrisi için gerinim, D: rijitlik matrisi, u: nodal yer değiştirmedir. Eş. 4.56 sağlanırsa:

$$\delta_i^{*T}\left[\int_\Omega B^T DBu_i d\Omega + \int_\Omega N^T bd\Omega + \int_\Gamma N^T \tau d\Gamma\right] = 0 \quad (4.59)$$

Ağırlık fonksiyonu için isteğe göre seçilen Eş. 4.59 W'nin herhangi bir değeri için uygundur. Bu sebeple eşitlik:

$$\int_\Omega B^T DBu_i d\Omega - \int_\Omega N^T bd\Omega - \int_\Gamma N^T \tau d\Gamma = 0 \quad (4.60)$$

Burada; $B^T DB = K$ katılık (stiffness) matrisidir. Bu eşitlik Standard sonlu elemanlar formülasyonuna indirgendiğinde;

$$Ku = b \quad (4.61)$$

Burada; u: nodal yer değiştirme vektörü, B: yük vektörü $fi = \int_\Omega N^T bd\Omega$. ve sınır vektörü kütlesi $f_b = \int_\Gamma N^T \tau d\Gamma$ olarak yazılabilen kuvvet vektörüdür. Eğer yer değiştirme için yeterli sınır şartları ön görülürse, bu durumda rijit yapı modeli oluşturulur. O zaman K matrisi tek değildir ve a benzersiz çözümü elde edilebilir[88].

4. 13. Kaynak İşleminde Elektro Manyetik Kuvvetler

MIG/MAG kaynağında, iş parçasına kaynak telinden akım geçişi manyetik alan içerir. ANSYS programı elektromanyetik kuvvetleri hesaplar [87]. Bu manyetik alanın ark akımıyla etkileşiminden Lorentz kuvveti olarak da adlandırılan elektromanyetik kuvvet doğar. Bu kuvvet aşağıdaki denklemle ifade edilir;

F=JxB (4.62)

Burada;

F; elektromanyetik kuvvet, J; akım yoğunluğu, B; manyetik alan yoğunluğu.

Kaynak havuzu yüzeyindeki ark akımının dağılımı;

$$J_{yuz} = \frac{3I}{\pi r_j^2} \exp\left\{-3(\frac{r}{r_j})^2\right\} \quad (4.63)$$

Şeklinde yazılabilir.

Burada;

I; amper, r;

Gauss kanununda verilen akımın sürekliği varsayıldığında;

$$\nabla J = 0 \quad (4.64)$$

olur ve elektrik alanı yarı durağan olarak kabul edilir. Doğrusal yönlü iletim ortamı için Ohm kanununa göre akım yoğunluğu;

J=σE (4.65)

Şeklinde ifade edilir. Burada potansiyel elektrik E= ΔΦ olarak tanımlamasında, iş parçasında potansiyel elektrik eşitlik yukarıdaki denklemlerde yerine konduğunda;:

$$\nabla^2 \phi = 0 \quad (4.66)$$

Yada

$$\frac{1}{r}\frac{\partial}{\partial r}(r\frac{\partial \phi}{\partial r}) + \frac{\partial^2 \phi}{\partial z^2} = 0 \quad (4.67)$$

Burada, sabit akış ve sürekli elektrik iletkenliği olduğu varsayılır. Potansiyel alanın hesaplanmasından, kaynak havuzundaki akım yoğunluğunun dağılımı Ohm kanunundan şu şekilde elde edilebilir;

$$J_r = +\sigma \frac{\partial \phi}{\partial r} \tag{4.68}$$

Amper kanununa göre manyetik alanın tanımlaması;

$$\nabla B = \mu_m J \tag{4.69}$$

Simetrik olarak, kendi kendine olan manyetik akış vektörünün sadece etrafını çevreleyen *Bo*, sıfır olamaz. Maxwell eşitliğinin yardımlarıyla yukarıdaki eşitliği tekrar yazarsak;

$$\frac{\partial B_\theta}{\partial z} = \mu_m J_r \tag{4.70}$$

$$\frac{1}{r}\frac{\partial}{\partial r}(rB_\theta) = \mu_m J_r \tag{4.71}$$

Yukarıdaki eşitliklerde sınır şartları olarak; r=0 da B_θ=0 olduğunda, yani Amper kanunundan kendi kendine manyetik alan elde etmek için;

$$B_\theta = \frac{\mu_m}{r}\int_o^r J_z r \partial r \tag{4.72}$$

Eşitlik (4.62) den kaynak havuzundaki elektromanyetik kuvvet J X *B* şu şekilde hesaplanır [25,26,29,30,37,38,42];

$$\begin{aligned}(JxB)_r &= -J_r B_\theta \\ (JxB)_z &= -J_z B_\theta\end{aligned} \tag{4.73}$$

5. ANSYS'DE PROBLEM ÇÖZÜMÜ ve SİMÜLASYONU

5.1. ANSYS Programının Yapısı

ANSYS paket programı ile statik, dinamik, lineer, non-lineer, termal ve mağnetik gibi çok geniş spektrumlu modelleme ve analiz yapılabilmektedir. Program genel olarak ön işlemci, çözüm ve son işlemci olmak üzere üç kısımdan oluşur. Modelin oluşturulması ve sınır şartları ön işlemci kısmında oluşturulur. Çözüm kısmında; problemin çözümü gerçekleştirilir. Son işlemci kısmında ise elde edilen sonuçlar değerlendirilir.

ANSYS gibi ticari amaç için hazırlanmış yazılımların en önemli özelliği; probleme yönelik özel eleman içeriyor olmasıdır. Böylece bu tür elemanlar kullanılarak yapılan modellemeler gerçek şartlara daha yakın olmakta ve daha gerçekçi sonuçlar vermektedir.

ANSYS sonlu elemanlar programında analizi yapılacak parça aşağıdaki işlem basamakları uygulanarak analizi yapılır;

- Bütün (düğüm noktaları ile) parçalara bölünür,
- Her elemanın fiziksel özelliklerine göre davranışları tanımlanır,
- Bütün, denklemlerin yaklaşım sistemlerine göre, elemanlar düğüm noktalarından birbiriyle bağlanır,

Oluşturulan denklem, bilinen değerlere bağlı olarak bilinmeyen değerler için çözülür, istenen özelliklerin simülasyonu yapılır (termal analiz, uzama, gerilme vs.).

Bu çalışmada, termal analiz için ANSYS 8.1 multiphysics modülü ve bu modül içerinde var olan termal analiz kısmı kullanılmıştır.

5.2. Ansys'de Geometrik Modelin Oluşturulması

Model geometrisi oluşturmak için tek bir yol yoktur, yapıların boyut ve şekline bağlı oldukça çok model oluşturulabilir.

Birinci adım, yapılacak analiz için katı modeli oluşturmaktır. Oluşturulan model için ya silindirik ve dörtgen gibi geometri yapısının ön tanımlaması yapılabilir ya da elementler ve nodlar manuel olarak tanımlanır. 2-B modeller alan (areas) olarak, 3-B modellerde hacim (volumes) olarak adlandırılır

Model boyutları global bir koordinat sistemine dayanır. Varsayım olarak global koordinat sistemi X, Y ve Z eksenlerinde kartezyendir. Eğer istenirse farklı koordinat sistemi de seçilebilir. Model çalışma ekranında istenen yönde döndürülebilir.

Oluşturulan model Boolean operasyonu ile birleştirilir. Örneğin önceden çizilen bir alanla sonradan çizilen bir alanı program birbirinden bağımsız olarak düşünür ve doğru analiz yapamaz. Bunun için Boolean operasyonu yapmak gerekir. Şekil 5.1'de termal analiz akış diyagramı örnekleri ile birlikte gösterilmektedir.

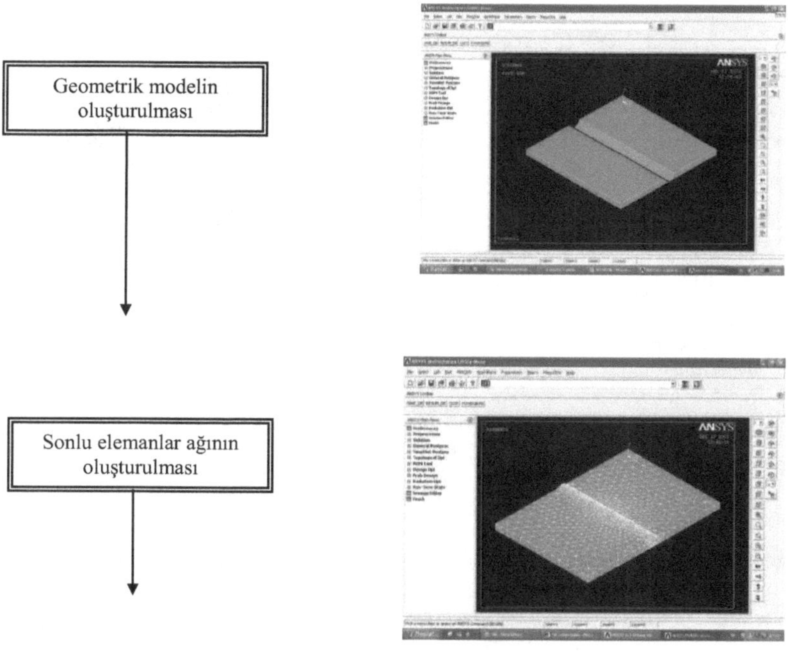

Şekil 5.1. Termal analiz akış diyagramı ve örnek gösterimleri

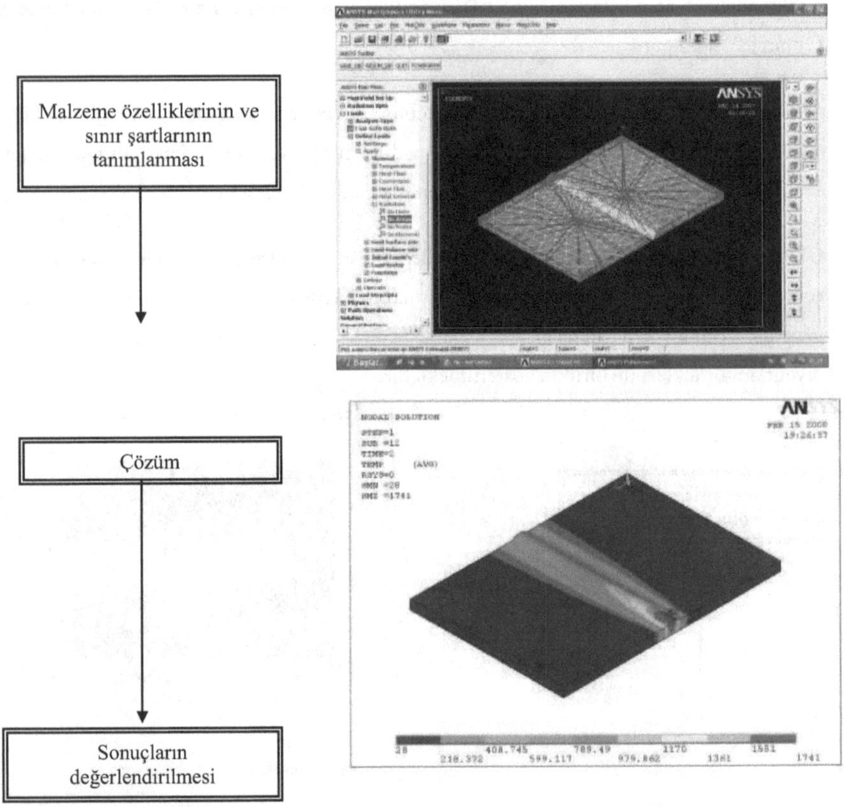

Şekil 5.1. (Devam) Termal analiz akış diyagramı ve örnek gösterimleri.

5.3. Eleman Seçimim ve Sonlu elemanlar ağının oluşturulması

Geometrik modelleri oluşturulan kaynak modeller için eleman tipi olarak termal analizde SOLID87, yapısal analizler için ise eşleniği olan SOLID187 seçilmiştir. Kaynaklanacak malzemenin elemanlara ayırma işlemi, özellikle köşe ve kavislerin daha iyi bölünebilmesi ve düz kenarlarda gereksiz bölüntüyü azaltmak amacıyla otomatik olarak gerçekleştirilmiştir.

5.4. SOLID87 Eleman Tipi

Ansys 8.1 paket programında termal analizi için 28 adet eleman tipi bulunmaktadır. Ansys paket programında katı modelleri elemanlara ayırmada yaygın olarak SOLID87 kullanılmaktadır. Katı modellerin termal analizinde SOLID87'nin kullanılmasının nedeni katı modeli sonlu elemanlara ayırırken her bir elemanı hacimsel tetregonal (Şekil 5.2) olarak üçgenlere ayırması ve diğer eleman tiplerinin katı modellerin termal analizinde (SOLID92 hariç) kullanılmamasıdır. Bu nedenle bu çalışmada, katı modelleri elemanlara ayırmak için SOLID87 eleman tipi tercih edilmiştir.

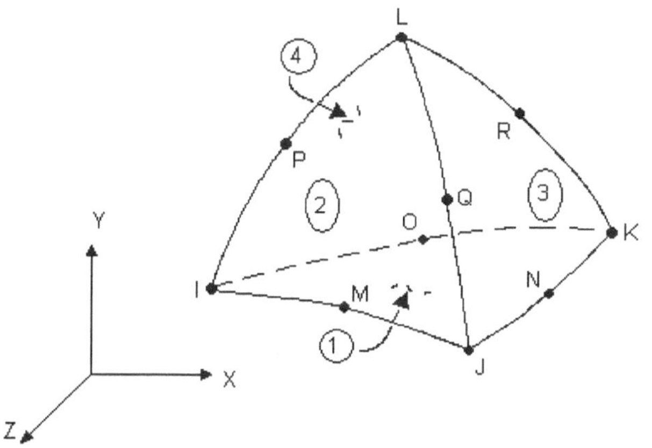

Şekil 5.2. SOLID87 eleman tipinin tetregonal geometrik görünümü

Tetregonal eleman tipi üzerinde 10 düğüm noktası (I, J, K, L, M, N, O, P, Q, R) bulunmaktadır. Isı akışı bu düğüm noktaları arasında olmaktadır. Yan yana iki eleman bir birine 6 düğüm noktasında birleşmektedir.

5.5. SOLID187 Eleman Tipi

Yapısal analiz modellemelerinde SOLID87'nin yapısal eşleniği olan SOLID187 eleman tipi kullanılmıştır. Şekil 5.3'de gösterilen SOLID187 10 tetregonal eleman tipi üzerinde 10 düğüm noktası bulunan elaman plastisite, hiperelastisite, viskoelastisite, viskoplastisite, gerilim, gerinim, başlangıç gerilimi tanımlama, sürünme ve eğilme uygulamalarında kullanılır[89].

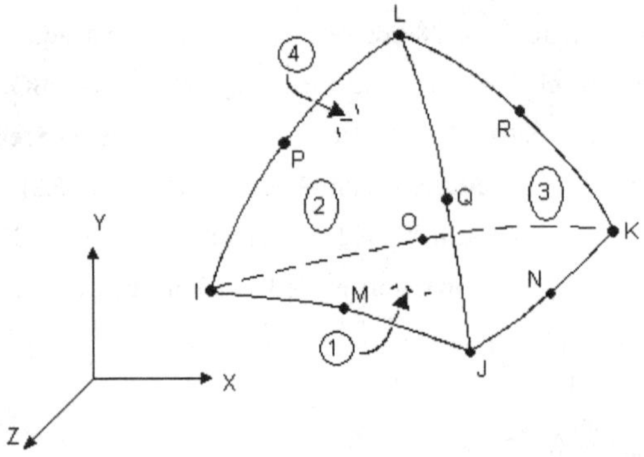

Şekil 5.3. SOLID87 eleman tipinin tetregonal geometrik görünümü

6. DENEYSEL ÇALIŞMA

6.1. Malzeme

Gerek kullanım, gerekse alaşım kalitelerinin çokluğu açısından paslanmaz çelikler içerisinde en zengin grup östenitik paslanmaz çeliklerdir. Östenitik paslanmaz çelikler krom-nikelli ve krom-nikel-manganlı paslanmaz çeliklerdir ve 301, 302, 304, 304L, 309, 210, 316, 316L, 321, 347, 201 ve 202 tiplerini içine alır. Bu tipler östenitiktir ve esas olarak tavlanmış durumda manyetik değildirler ve ısıl işlemle sertleşmezler. Toplam nikel ve krom miktarı en az % 23'tür. Bunlar sıcak işlenirler ve çabuk deformasyon sertleşmesi özellikleri nedeni ile gerekli önlemler alındığında soğuk olarak işlenebilirler. Soğuk deformasyon bunların geniş ölçüde mekanik özelliklerini iyileştirebilir ve bu durumdaki çelik az miktarda manyetik özellik gösterebilir. Östenitik paslanmaz çelikler; mükemmel korozyon dayanımı, iyi kaynak edilebilme kabiliyetleri, sünek olduklarından kolay şekillendirilebilir olmaları, hijyenik, temizliği ve bakımı kolay olması, yüksek ve düşük sıcaklıklarda iyi mekanik özelliklere sahip olması, sebebiyle endüstride, gıda ve sağlık başta olmak üzere oldukça yaygın olarak kullanılmaktadır.

Malzemenin kırılma davranışı, sürünme ve çalışma şartları kaynağın güvenirliliğini değerlendirmek için büyük önem arz eder. Deneysel çalışmalarda, sonlu elemanlar modellemesinde ve simülasyonlarda kullanılacak olan 304 tip paslanmaz çeliğin kimyasal kompozisyonu Çizelge 6.1 de mekanik özellikleri Çizelge 6.2 de ve sıcaklığa bağlı bazı fiziksel özellikleri ise Çizelge 6.3 te verilmektedir.

Kaynaklanacak malzemeler TS 11197'ye uygun, iki parça arasında 2 mm nüfuziyet genişliği bırakılarak ve üç noktadan puntalanarak hazırlanmıştır. Hazırlanan numuneler 1.2 mm çapında Çizelge 6.4'de bileşimi verilen östenitik paslanmaz çelik malzemeler için üretilmiş olan 308 tipi ilave tel kullanılarak kaynatılmıştır.

Kaynağın termo-mekanik problemlerini çözmek için termo-fiziksel ve mekanik özelliklerin bilinmesi gereklidir.

Çizelge 6.1. 304 tip paslanmaz çeliğin kimyasal bileşimi

		C	Mn	Si	P	S	Cr	Mo	Ni	N
SS304	En az.	-	-	-	-	-	18,0	-	8,0	-
	En fazla.	0,08	2,0	0,75	0,045	0,030	20,0		10,5	0,10

Çizelge 6.2. 304 tip paslanmaz çeliğin mekanik özellikleri

Gerilme Kuvveti MPa	Gerilme-Uzama %		Brinell Sertlik HB	Rockwell Sertlik HRB	Vickers Sertlik HV Max
En az	≤1.2mm En az	>1.2mm En az	Max	[HRC] Max	
515	40	40	201	92	210

Çizelge 6.3. 304 tip paslanmaz çeliğe ait sıcaklığa bağlı fiziksel özellikler.

Yoğunluk (kg/m^3)	Elastik Modulüs GPa	Termal yayınma katsayısı			Termal İletim		Özgül ısı 0-100°C J/kg.K	Elektrik direnci Ohms.m
		0-100°C µm/m/ °C	0-315°C µm/m/ °C	0-538°C µm/m/ °C	100°C'de W/m.K	500°C'de W/m.K		
8000	193	17,2	17,8	18,4	16,2	21,5	500	720

Çizelge 6.4. kullanılan ilave telin kimyasal kompozisyonu

C	Si	Mn	Cr	Ni
<0,03	0,65-1,00	1,0-2,5	19,5-22,0	9,0-11,0

6.2. Metod

6.2.1. Deneyin yapılışı

Paslanmaz çeliklerde en yaygın olarak MIG (Metal Inert Gas) ark kaynağı kullanılmaktadır. Kaynak akımı, eriyen tel elektrota kaymalı bir temas yardımıyla aktarılır. TIG yöntemine oranla daha yüksek erime gücü elde edilir. Masif ve özlü tel elektrotlar da kullanılır. Tel çapları 0,8 ile 1,6 mm arasındadır. Kaynak doğru akımla ve tel elektrot (+) uçta olmak üzere yapılır. Masif tel elektrotlarda koruyucu gaz olarak Argon veya Argon gazına %1-3 oksijen veya azami %2,5 CO_2 içeren karışımlar ilave edilerek kullanılabilir (daha fazla CO_2 bulunursa kaynak banyosu karbon alır ve korozyon dayanımı düşer). Tel elektrotlar uygulama durumuna göre, püskürtme, kısa veya darbeli arklı olarak kaynak edilirler.

Bu çalışmada Şekil 6.1'de şematik olarak gösterilen MIG kaynak yönteminde, koruyucu ortam olarak ise %99 saflıkta argon gazı kullanılmıştır. Kaynak işlemleri BUĞRA INV 650 tipi MIG/MAG kaynak makinesi ile yapılmıştır. Kaynak işlemlerinde torç monte edilebilen kaynak hızını ve ark yüksekliğini sabit tutabilmek için 0-100 cm/dk doğrusal hız ayarı bulunan, raylı bir sistem üzerinde hareket edebilen Resim 6.1'de gösterilen otomatik araba kullanılmıştır. Kaynak havuzunun ve kaynak havuzuna sınır kısımların sıcaklığının çok yüksek olması dolayısıyla infrared (kızılötesi) sıcaklık ölçme yöntemi tercih edilmiştir. Ana malzeme sıcaklıkları ise ısıl çift kullanılarak ölçülmüştür.

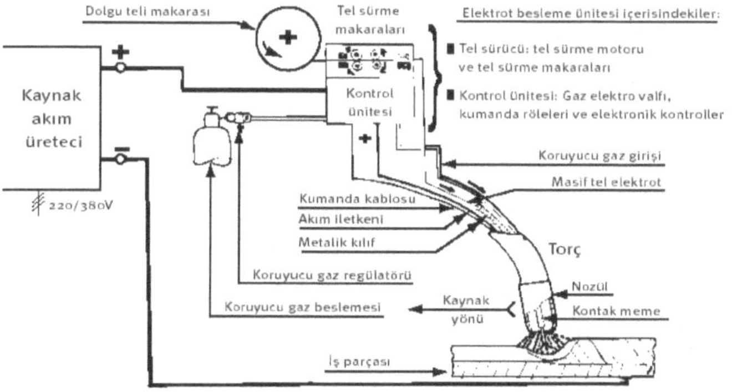

Şekil 6.1. MIG/MAG kayan donanımının şematik olarak gösterilişi. [euroinox]

Resim 6.1. Deney düzeneğinin genel görünümü.

Kaynak sırasında sıcaklık ölçümü

Kaynak esnasında malzeme ile ısı kaynağının etkileşimi karmaşık fiziksel bir olaydır. Kaynak havuzundaki ısı transferi ve ergiyik akışının deneysel çalışmaları genellikle hız ve yüzey sıcaklık ölçümleri ile sınırlıdır [89-94]. Isıl çift kullanarak kaynak havuzu içindeki sıcaklıkların direkt ölçümü kaynak havuzundaki çok yüksek sıcaklıklar sebebiyle oldukça zordur. Bu metot kaynak havuzundaki ölçüm teli üzerine termal yüklemelerin neden olacağı için hatalı sonuçlar vermesi sebebiyle uygun değildir [95]. Bu yüzden çeşitli dolaylı ölçüm metotları kaynak havuzu yüzey sıcaklık ölçümleri için geliştirilmiştir [89, 90, 96-101]. Bu metotlar havadan lazer ışınları, lazer ışınlı termografik kameralar, fiber optik termografik algılayıcılar ve optik spektral radiometrik/lazer yansıması ile ölçümleri içerir. Bu metotlar, Kraus'a göre [95] çoğunlukla dalga boyu, birleşik açı ve sıcaklıktaki çıkarma bağlılığı için yansıma ile yapmak ihtiyacı sebebiyle yüksek sıcaklıklardaki belirsizlik oluşturmaktadır. İlave olarak, ark kaynak işlemi esnasında çevresel plazmanın baskısı bazı hatalara yol açabilir. Şu anda kaynak havuzu yüzey sıcaklığını ölçmek için kullanılan temassız ölçme teknikleri hala geliştirilmektedir. Kaynak havuz ısınmasının yoğunluğu ve küçük ısı akışlarının ölçülmesi oldukça zordur. Bu iş kaynak havuzu üzerinde plazma ve ark yoğunluğunu dikkate alarak daha fazla açıklamaya ihtiyaç duymaya başlamıştır. Çok az veri kaynak havuzundaki hızın ölçülmesini rapor etmektedir [95,101].

Termokupl (Isıl Çift) Yöntemi ile Sıcaklık Ölçümü

Isıl çift iki farklı alaşımın ucunun kaynaklanması ile oluşturan basit bir sıcaklık ölçüm elemanıdır. Kaynak noktası sıcak nokta, diğer acık iki uç soğuk nokta (veya referans noktası) olarak anılır. Isıl çift olayı sıcak nokta ile soğuk nokta arasındaki sıcaklık farkından doğar. Bu sıcaklık farkına orantılı, soğuk nokta uçlarında mV mertebesinde gerilim üretilir. Isıl çift sıcak noktası ve soğuk noktası arasındaki sıcaklık dağılımı nasıl olursa olsun üretilen gerilim, sıcak ile soğuk nokta arasındaki sıcaklık farkına oranlıdır.

Farklı sıcaklık aralıkları için farklı malzemelerden üretilmiş çeşitli ısıl çift endüstride yaygın olarak kullanılmaktadır. Bu çalışmada, Nikel (-) ve Nikelkrom (+) bacaktan oluşan K tipi ısıl çift kullanılmıştır. Bu ısıl çift oksitleyici ortamlarda tercih edilir. 1300 °C'ye kadar mV değeri üretmesine rağmen yaygın olarak 1200 °C'ye kadar kullanılır.

Kızıl Ötesi Işınlar Yöntemi ile Sıcaklık Ölçümü

Kaynak işleminde kaynak metali ve kaynak metalinin hemen yanındaki bölgeler çok yüksek sıcaklıklara çok kısa bir sürede ulaşıp, çok kısa bir sürede soğuduğu için ISIL ÇİFT yöntemi ile bu bölgelerin sıcaklığını ölçmek mümkün değildir. Bu yüzden çalışmamızda kaynak metali sıcaklığı kızıl ötesi sıcaklık ölçüm yöntemi ile ölçülmüştür.

Bu çalışmada Raytek Raynger 3i serisi sıcaklık ölçüm cihazı ile ölçüm yapılmıştır. Ölçümün doğruluğu ısıl çift yöntemi ile test edilmiştir. Bütün ölçülerde aynı açıdan ve aynı mesafeden yapılmıştır. Kızıl ötesi sıcaklık ölçümünde en önemli parametrelerden biri olan emissivite ölçülen bölgenin durumuna göre ayarlanmış ve doğruluğu test edilmiştir. Bilindiği gibi emissivite malzemeye, malzemenin parlaklığına, oksidasyonuna, ergiyik ya da katı olmasına göre değişmektedir. Resim 6.2'de sıcaklık ölçülen bölgeler ve Resim 6.3'de de ısıl çift ile kızıl ötesi yöntemleri doğrulama görüntüleri verilmektedir.

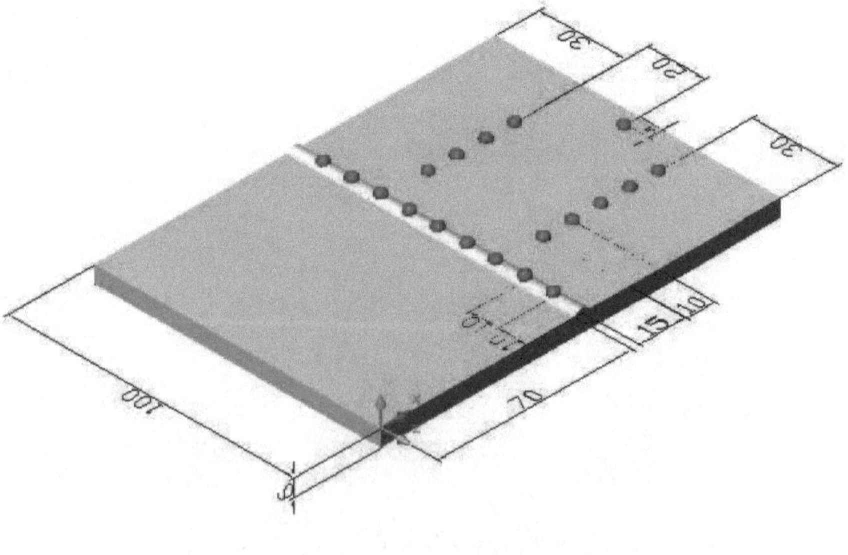

Resim 6.2. Deneylerde kullanılan numunenin şematik gösterimi ve sıcaklık ölçüm bölgeleri.

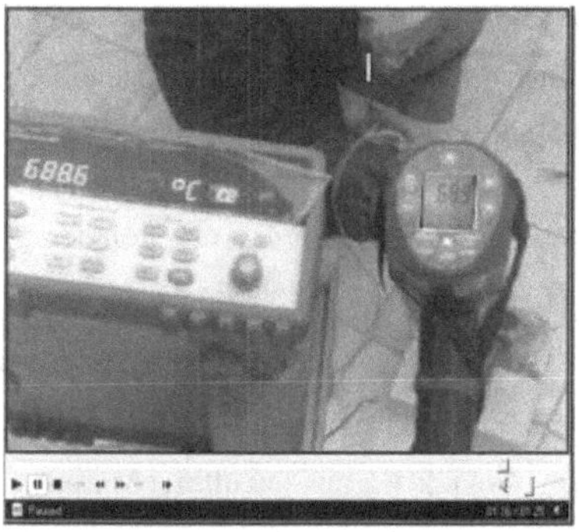

Resim 6.3. Isıl çift ile kızıl ötesi sıcaklık ölçüm cihazının kalibrasyon yapım görüntüsü.

Deney parametreleri

TSE 3473 uygun olarak hazırlanan ve puntalanan kaynak numuneleri MIG kaynak yöntemi kullanılarak yapılan deney işlemlerinde, kaynak hızını sabit tutmak amacıyla otomatik bir sitemde kaynaklar yapılmıştır. Koruyucu ortam olarak argon gazı seçilmiştir. Tüm deneyler aynı şartlar altında yapılmıştır. Deney parametreleri Çizelge 6.5'de verilmektedir.

Çizelge 6.5 Kaynak işlemi parametreleri

	Tel çapı (mm)	Hız (cm/dk)	Akım Tipi	Amper (A)	Ark Gerilimi (V)
I. deney	1,2	**30**	Doğru Akım	120	23
II. deney	1,2	**20**	Doğru Akım	120	23
III. deney	1,2	**15**	Doğru Akım	120	23
IV deney	1,2	**10**	Doğru Akım	120	23

Metalografik incelemeler ve sertlik ölçüm

Optik incelemeler için farklı hızlarda kaynaklanan numunelerden metalografik inceleme için kaynağın orta bölgelerinden birer örnek alınmıştır. Numuneler önce 1200'lük SiC esaslı zımparada zımparalanmış ve daha sonra 6, 3 ve 1 µm'luk parlatıcı keçeler ve elmas pastalar kullanılarak parlatma işlemi yapılmıştır. Parlatılan numuneler laboratuarda hazırlanan 10 ml HNO_3, 10 ml asetik asit, 15 ml HCL, ve 2 damla gliserinden oluşan dağlayıcı ile dağlanarak mikroyapı incelemeleri yapılmıştır.

Optik incelemeler, Gazi Üniversitesi, Teknik Eğitim Fakültesi, Malzeme Bilimi Eğitimi Anabilim Dalı Metalografi laboratuarında bulunan Lieca DFC 320 dijital kamera bağlantılı DM 4000M optik mikroskop kullanılarak yapılmıştır.

Sertlik ölçümleri için farklı hızlarda kaynaklanan numunelerin uygun bölgelerinden 5'er adet örnek alınmış ve 1200'lük SiC zımpara ile zımparalandıktan sonra 3 μm'luk parlatıcı keçe ile parlatılmıştır. Ana malzemeden 5 mm aralıklarla, Geçiş bölgelerinden 2'er ve kaynak metalinden de 3'er adet olmak üzere her bir numuneden toplam 33 noktadan ölçüm yapılmıştır. Sertlik ölçümleri Gazi Üniversitesi, Teknik Eğitim Fakültesi, Malzeme Bilimi Eğitimi Anabilim Dalı Metalografi laboratuarında bulunan Instron Wolpert Diatester 7551 tipi sertlik ölçüm cihazında Brinel sertlik ölçüm yöntemi ile 187,5 Kg yük uygulanarak yapılmıştır.

6.2.2. Sayısal çözüm

Sayısal çözüm için, deney sonuçlarından alınan veriler sınır şartları olarak kabul edilerek, çözüm yöntemi olarak Sonlu Elemanlar kullanan ANSYS 8.1 programı kullanılmıştır. ANSYS 8.1 programında, deneysel çalışmalarda kullanılan malzemelerle aynı ölçülerde katı model oluşturulmuş ve malzemenin sıcaklığa bağlı ısı kapasitesi, termal iletim katsayısı, gizli ısısı ve yoğunluğu malzeme özelliği olarak girilmiştir. Bölüm 5'de anlatılan SOLID87 tip sonlu eleman sistemi ile düğüm noktalarına bölünen modele kızıl ötesi yöntemi ile ölçülen sıcaklık değerleri sıcaklık-zaman tablosu olarak girilmiş ve ölçüm alınan bölgelerin düğüm noktalarına sınır şartı olarak tanımlanmıştır. Işınım ve taşınım katsayıları modelin yüzeylerine tanımlanmıştır. Çözüm yapılan bilgisayarın özellikleri ise; Intel (R), Pentium(R) 4CPU 3.20GHz, 2.00 GB RAM dir.

Termo-fiziksel özellikler

Isı transfer analizi için sıcaklığın fonksiyonu olan termal iletim, yoğunluk, spesifik entalpi ve spesifik ısı kapasitesi gereklidir. Bu özelliklerin her biri tartışılır ve sıcaklığın fonksiyonu olarak her bir özellik grafiksel olarak tanımlanarak sunulur. Isı transfer analizi çözümlemelerinde kullanılan sıcaklığa bağlı termal özellikler birkaç kaynak içeren referanslarda bulunabilir. 304 tip paslanmaz çeliğin sıcaklığa bağlı termal özellikleri Richter, Kim, Miettinen ve Agelaridou'nun çalışmalarından alınmıştır [102-105].

Isı iletim katsayısı

Termal iletim katsayısı (k), bir birim eşitliği olan sıcaklık gradyantında ısı iletimi tarafından üretilen ısı akışının yoğunluğu için ölçülen eşitliktir. Termal iletim katsayısı ısı iletiminin Fourier kanunu olarak bilinen katsayıdır. Sıcaklığa bağlı termal iletim katsayısı grafiği Şekil 6.2'de gösterilmektedir.

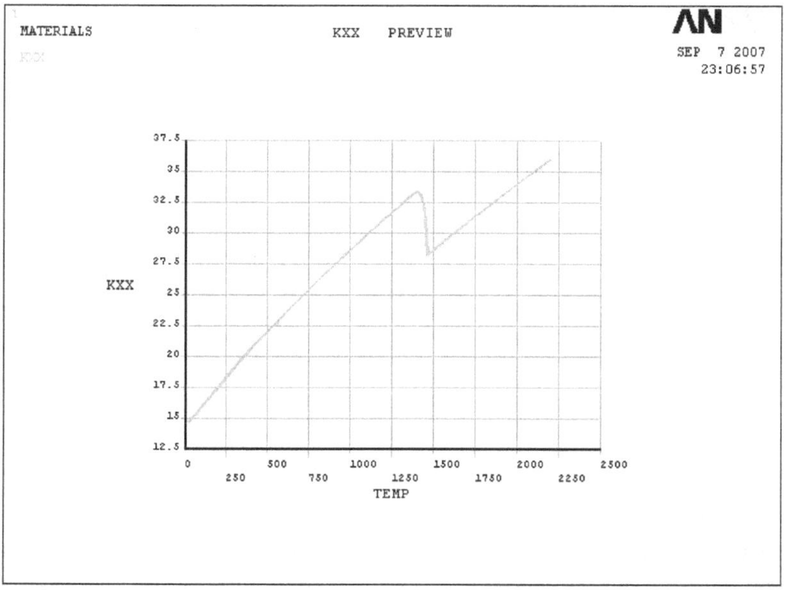

Şekil 6.2. Sıcaklığa bağlı termal iletim(k) grafiği.

Yoğunluk

Yoğunluk ρ, Hacmin, kütleye oranıdır. Deneylerde kullanılacak olan 304 tip paslanmaz çeliğin oda sıcaklığındaki yoğunluğu 8000 kg/m^3 dür. Sıcaklığa bağlı değişimi ise Şekil 6.3'de gösterilmektedir.

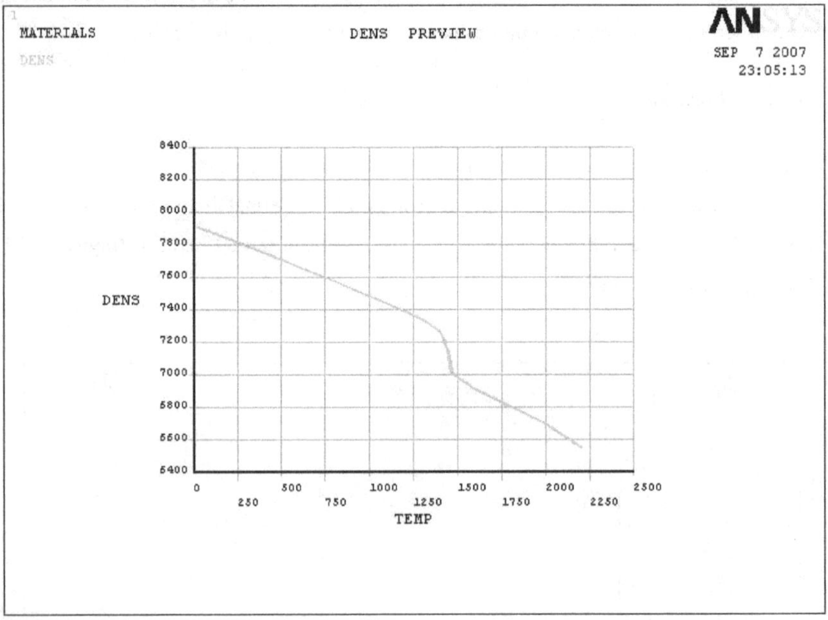

Şekil 6.3. Sıcaklığa bağlı yoğunluk grafiği.

Isı kapasitesi ve özgül ısı

Isı kapasitesi, C, bir maddenin sıcaklığını 1 derece (°C veya Kelvin) artırmak için gereken ısı miktarıdır. özgül ısı kapasitesi ise, sabit basınç altında maddenin 1 gramının sıcaklığını 1 derece artırmak için gerekli ısı miktarıdır. 304 tip paslanmaz çeliğin 0- 100°C'deki özgül ısısı 500 J/kg.K. Sıcaklığa bağlı özgül ısı kapasitesi grafiği Şekil 6.4'da gösterilmektedir.

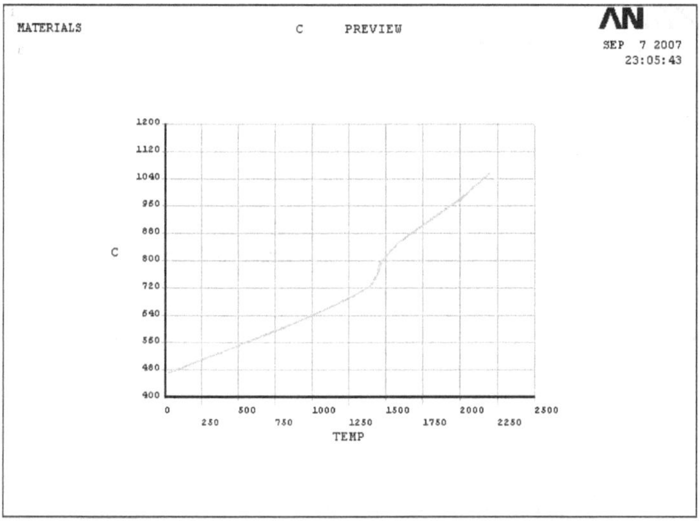

Şekil 6.4. Sıcaklığa bağlı ısı kapasitesi grafiği.

Çizelge 6.6 304 paslanmaz çelik malzemeye ait termo-fiziksel özellikler

T (°C)	c_p (J/Kg °K)	k (W/m °K)	ρ (Kg/m³)
1600	859	29.8	6908
1464	796	28.2	7011
1452	771	31.1	7111
1439	756	32.5	7163
1435	754	32.7	7173
1430	748	32.9	7193
1423	743	33.1	7213
1412	736	33.3	7238
1397	729	33.4	7265
1350	715	32.9	7304
1300	702	32.3	7336
1200	679	31.1	7392
800	603	26.1	7578
400	535	20.7	7753
25	472	14.7	7911

7. DENEY SONUÇLARI ve TARTIŞMA

Deneysel çalışmalarda kullanılan 304 tip paslanmaz çelik malzemeler dört farklı kaynak hızında MIG kaynak yöntemi ile kaynaklanmış, mikroyapı ve mekanik özellikleri incelenmiş ve ANSYS paket programında analizi yapılmıştır.

Yapılan çalışmalarda, kaynağın mikroyapı incelemeleri için kaynaklanan malzemelerin uygun bölgelerinden numuneler kesilmiş ve standart metalografik işlemlerden sonra mikroyapı fotoğrafları çekmelmiştir. Aynı zamanda kaynak dikiş morfolojisi için kaynağın hem üstten hem de alından makro fotoğrafları çekmelmiştir.

7.1. Makroyapı - Mikroyapı Sonuçları ve Tartışma

Kaynak hızının kaynak dikişi morfolojisine etkisini görmek amacı ile; 30, 20, 15 ve 10 cm/dk hızlarda yapılan kaynak işlemlerine ait makroyapı görüntüleri Resim 7.1'de üstten ve Resim 7.2'de de alından gösterilmektedir.

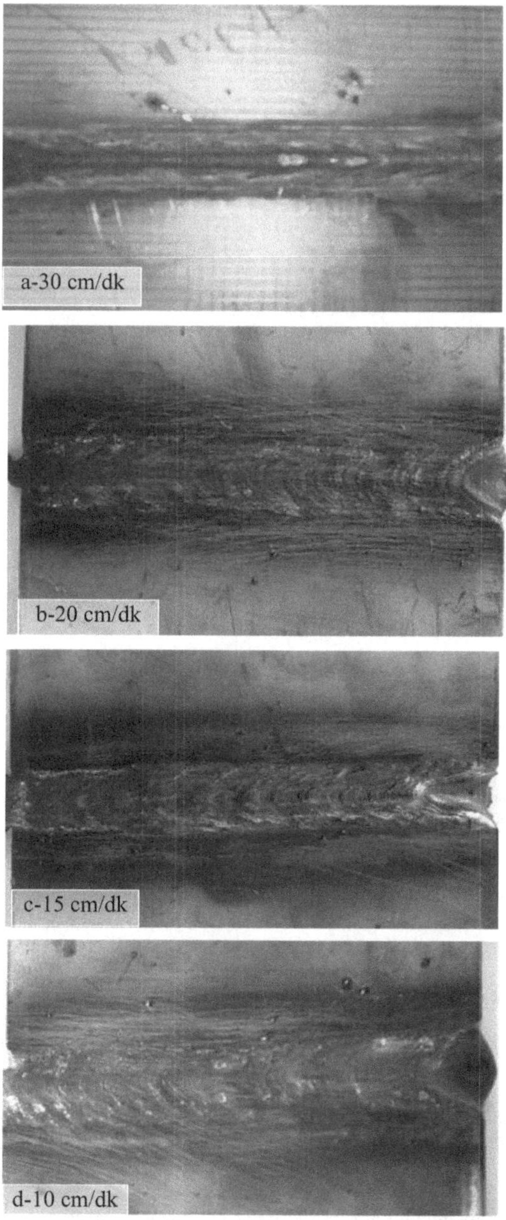

Resim 7.1. Farklı hızlardaki kaynak dikişlerinin makro fotoğrafları.

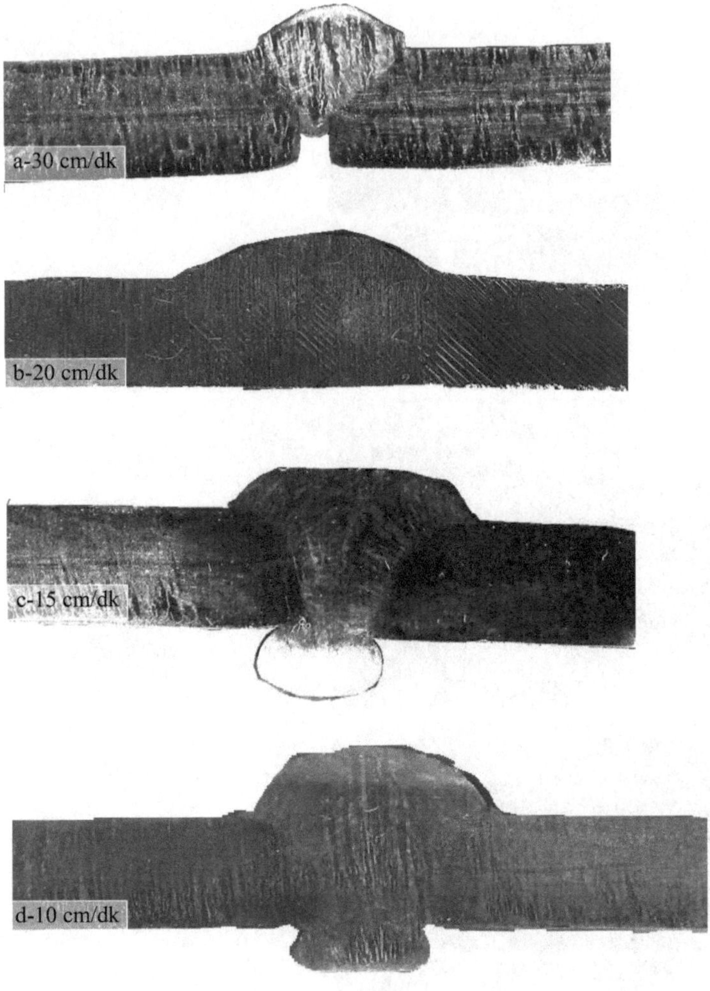

Resim 7.2. Farklı hızlardaki kaynak dikişlerinin makro kesit fotoğrafları

Resim 7.1a'da 30 cm/dk kaynak hızında gerçekleştirilen kaynak dikişinin makro fotoğrafı incelendiğinde, seçilen bu kaynak hızında dikiş görünümü oldukça dar ve yüksekliği fazla olmuştur. Yine bu kaynak hızında, Resim 7.2a'da verilen alın görüntüsüne bakıldığında nüfuziyetin oldukça az ve yetersiz olduğu görülebilmektedir. 30 cm/dk kaynak hızında çekmelen 11 ayrı kaynak dikişinin hepsinde bu görüntüler benzerlik göstermektedir.

Resim 7.1b'de 20 cm/dk hızda yapılan kaynak dikişinin makro fotoğrafında kaynak dikişinin normal bir görüntü arz ettiği ve ıslatmanın uygun bir şekilde gerçekleştiği görülmektedir. Yine bu hızda yapılan kaynak dikişine ait Resim 7.2b'deki alın görüntüsünde de nüfuziyetin tam olduğu görülmektedir. 20 cm/dk kaynak hızında gerçekleştirilen kaynakların tamamında kaynak dikişleri birbirine benzerlik arz etmiştir.

Resim 7.1c'de 15 cm/dk kaynak hızında yapılan kaynak dikişi fotoğrafında ise; Şekil 7.3b'de verilen 20 cm/dk kaynak hızında yapılan kaynak dikişine göre daha geniş ve yüksekliği daha az olduğu görülmektedir. Bu kaynak hızında gerçekleştirilen kaynak dikişi sonunda meydana gelen kraterin ise istenilenin dışında çukur oluştuğu görülmektedir. Resim 7.2c'deki alın görüntüsünde ise nüfuziyetin tam olduğu ve dikişin alt kısmında fazlasıyla bir sarkmanın gerçekleştiği görülmektedir. Kaynak hızının yavaş olması ısı girdisinin artışına ve kullanılan ilave tel miktarının fazla olmasına neden olmuş ve kaynak dikişinin genişliği fazlasıyla artmış aynı zamanda dikiş dibindeki sarkmanın gereğinden fazla olmasına neden olmuştur.

Resim 7.1d'de 10 cm/dk kaynak hızında yapılan kaynak dikişi fotoğrafında; kaynak dikişinin oldukça geniş, bazı noktalarda ise çukurların ve yanma oluklarının oluştuğu görülmektedir. Resim 7.4d'deki alın görüntüsünde de nüfuziyetin tam olduğu ancak dikiş alt kısmındaki sarkmanın gereğinden çok fazla olduğu görülmektedir. Kaynak hızının yavaş, dolayısıyla kayak süresinin fazla olması, ısı girdisini ve kullanılan ilave metal miktarının artmasına, dolayısıyla kaynak dikişinin geniş ve nüfuziyetin ise aşırı olmasına neden olmuştur. 10 cm/dk kaynak hızında yapılan deneylerde; hızın çok düşük olması nedeni ile kaynak torcu aşırı ısınmış ve kullanılan bakır meme de bundan etkilenmiş ve sonuç olarak zaman zaman ilave tel bakır memeye yapışmış, bu da deneylerin tekrarlanmasına neden olmuştur.

Kaynak hızının mikroyapıya etkisini görmek amacı ile ana malzeme, geçiş ve kaynak metali mikroyapıları optik mikroskop kullanarak incelenmiştir. Bölüm 6'da özellikleri anlatılan 304 östenitik paslanmaz çelik malzemeye ait kaynaklı numunenin mikroyapılar; Resim 7.3, 7.4, 7.5 ve 7.6'da gösterilmektedir.

Kaynak metalindeki mikroyapılar soğuma sürecindeki dönüşümün sonucu oluşan yapılardır. Kaynak metalindeki tane yönlenmeleri ana metalden kaynak merkezine doğru olan yönlenmelerdir. Kaynak hızı, ısı girdisini, ısı girdisi de soğuma sürecini etkilediğinden dolayı kaynak metali mikroyapıları da kaynak hızına bağlı olarak değişim göstermektedir. Isıdan etkilenen bölgenin dışında kalan ana malzeme yapısı ise tipik östenitik paslanmaz çelik mikroyapısıdır. İkizlemelerin ve hadde yönünde oluşmuş inlüzyonların yer aldığı genellikle eş eksenli tane yapısıdır. Deneylerde kullanılan östenitik paslanmaz çelik malzemelerin ısı iletim katsayıları düşük olduğu için ısıdan etkilenen bölge genel yapı çeliklerine göre oldukça dardır ve mikroyapı incelemelerinde bu bölgeyi izlemek oldukça zor olmuştur.

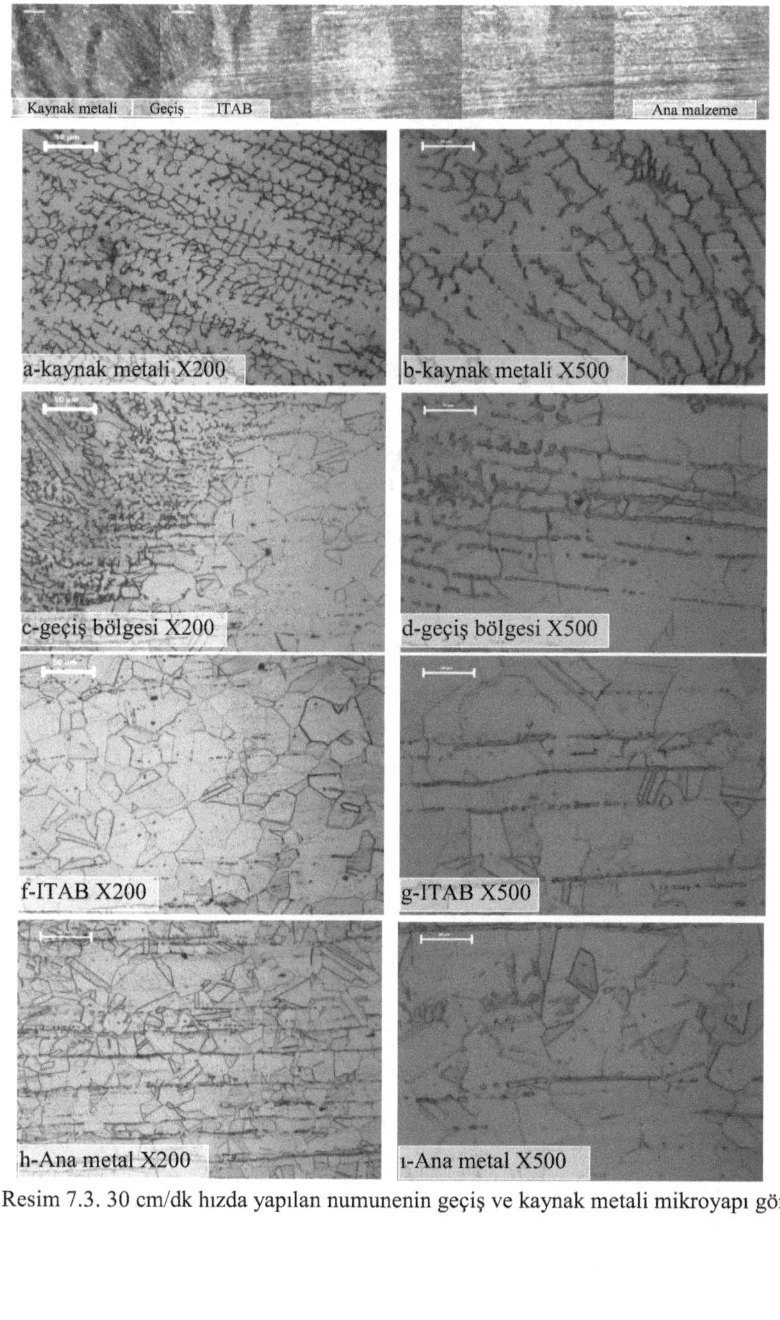

Resim 7.3. 30 cm/dk hızda yapılan numunenin geçiş ve kaynak metali mikroyapı görüntüleri.

En yüksek kaynak hızı olarak seçilen 30 cm/dk kaynak hızında yapılan kaynağın Resim 7.3'deki mikroyapı görüntüleri incelendiğinde; kaynak metali taneleri oldukça ince, dentritik ve kaynak metali merkezine doğru yönlenen tanelerden oluştuğu oldukça net bir şekilde görülebilmektedir (Resim 7.3 b ve c). Resim 7.3 d ve e'de farklı büyütme oranlarında verilen kaynak metali- ITAB geçiş bölgesi ise belirgin bir şekilde meydana gelmiştir. Kaynak hızının yüksek olması ve kullanılan paslanmaz çelik malzemenin ısı iletim katsayısının düşük olması nedeni ile ITAB çok dar bir bölgede oluşmuştur. Seçilen bu kaynak hızında oluşan kaynak metali taneleri diğer hızlarda oluşan kaynak metali tanelerine nazaran oldukça ince yapılı bir şekilde oluşmuşlardır. Bunun sebebi olarak kaynak hızının yüksek olması, dolayısı ile uygulanan ısı girdisinin düşük olmasıdır. Düşük ısı girdisi, kaynak metalinin hızlı soğumasına neden olduğundan oluşan taneler ince ve sütunsal bir hal almıştır. Geçiş bölgesinin hemen yanından alınan mikroyapı görüntüleri (Resim 7.3 f ve g) ile ana malzemenin kaynak metaline en uzak noktasından alınan mikroyapı görüntüleri (Resim 7.3 h ve ı) benzerlik arz etmektedir. Buradaki mikroyapı görüntüleri tipik östenitik paslanmaz çelik tane yapısına benzemekte, genellikle eş eksenli, ara ara birbirine girmiş tanelerin yanı sıra haddeleme yönünde oluşan inklüzyonlardan (uzun siyah çizgiler) meydana gelen yapılardan oluştuğu görülmektedir. Yapılan bu kaynak hızında ITAB ın çok dar bir bölgede oluşması nedeni ile ITAB da oluşması muhtemel olan iri ve ince taneli bölgeler çok dar bir alanda oluşmuş ve birbirinden çok net bir şekilde ayırt edilememiştir. Isı girdisinin ITAB genişliği üzerine etkisi Durgutlu ve arkadaşları tarafından yapılan çalışmada da benzer şekilde vurgulanmıştır [106].

20cm/dk kaynak hızında gerçekleştirilen birleştirmelere ait mikroyapı resimleri aşağıda Resim 7.4'te verilmiştir.

Resim 7.4. 20 cm/dk hızda yapılan numunenin geçiş ve kaynak metali mikroyapı görüntüleri.

Yukarıda verilen mikroyapı görüntüleri incelendiğinde kaynak metali mikroyapılarının Resim 7.3 b ve c'de verilen 30 cm/dk kaynak hızında yapılan kaynak metali mikroyapısına benzer bir yapı arz ettiği görülmektedir. Ancak x500 büyütme oranındaki mikroyapı görüntülerinde (Resim 7.3 c, Resim 7.4 b) görülen fark ise 20 cm/dk'da yapılan kaynak işleminin kaynak metali tanelerinin daha iri olduğudur. Resim 7.4 c ve d'de verilen geçiş bölgesi mikroyapılarında ana malzeme tanelerinin kaynak metali taneleri içine, kaynak metali tanelerinin ise ana metal taneleri içine doğru girmiş olmasıdır. Geçiş bölgesi belirgin olmakla bir çizgi şeklinde olmayıp burada oluşan taneler birbirleri ile daha yumuşak bir geçiş sergilemektedir. Geçiş bölgesinin hemen yanından alınan mikroyapı görüntüleri (Resim 7.4 f ve g) incelendiğinde ana malzemeye göre bir tane irileşmesinin olduğu açıkça görülebilmektedir. 20 cm/dk'da gerçekleştirilen kaynak dikişlerinde oluşan ITAB genişliği bir önceki hız olan 30 cm/dk kaynak hızında gerçekleştirilen ITAB genişliği ile mukayese edildiğinde bir miktar daha geniş bir alanda oluşmuştur.

15 cm/dk kaynak hızında gerçekleştirilen birleştirmelere ait mikroyapı resimleri aşağıda Resim 7.5'te verilmiştir.

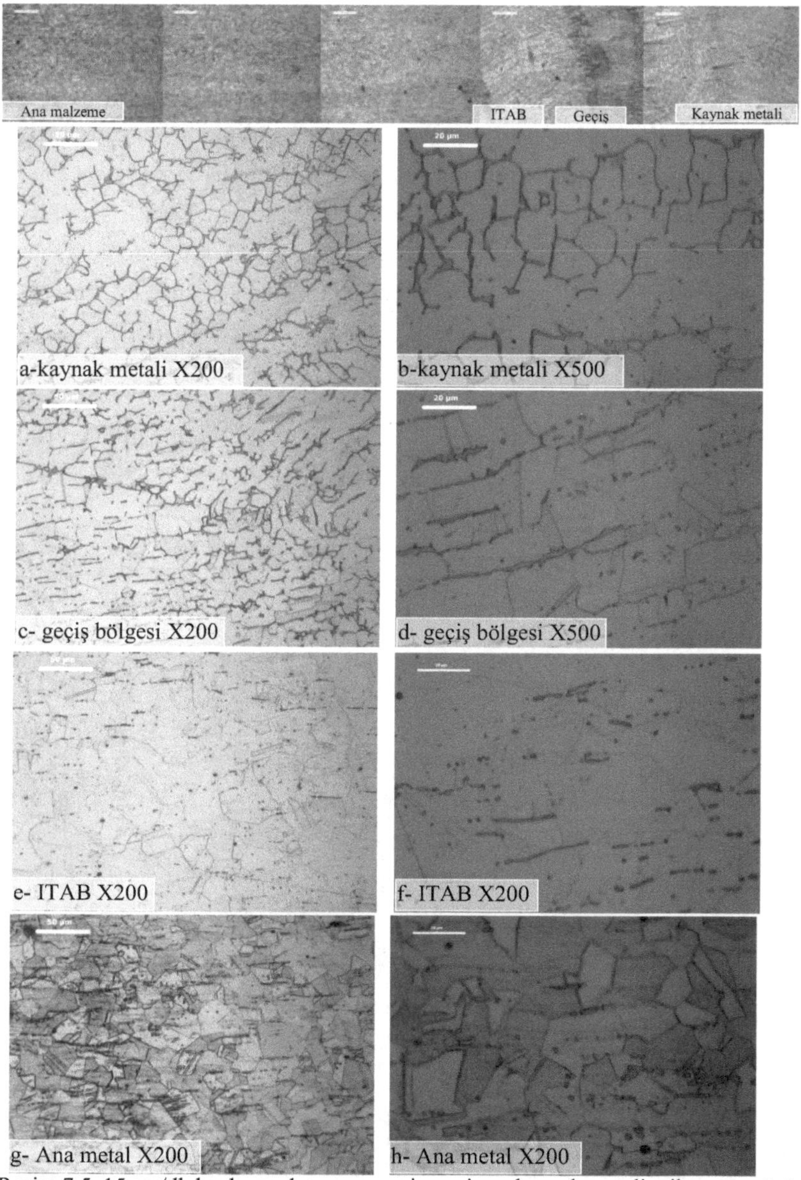

Resim 7.5. 15 cm/dk hızda yapılan numunenin geçiş ve kaynak metali mikroyapı görüntüler.

Yukarıda verilen 15 cm/dk kaynak hızında yapılan birleştirmenin mikroyapı görüntülerinde, kaynak metali tanelerinin dentritik tanelerden oluştuğu ancak 30 cm/dk ve 20 cm/dk'da yapılan kaynak işlemi mikroyapılarına göre (Resim 7.3 a ve b, Resim 7.4 a ve b) daha iri bir hal aldığı gözlenmektedir. Geçiş bölgesi mikroyapı görüntülerinde (Resim 7.5 c ve d) ise neredeyse kaynak metali taneleri devam ediyormuş gibi bir yapının oluştuğu ancak tane yönlenmesinin farklı olması sebebi ile geçiş sınırının belirginleştiği görülmektedir. Seçilen 15 cm/dk kaynak hızında ısı girdisi 30 cm/dk ve 20 cm/dk'da yapılan kaynak işlemlerine nazaran daha fazla olmuş, buda geçiş bölgesinin daha homojen bir şekilde oluşmasına imkan sağlamıştır. Yine bu kaynak hızında da geçiş bölgesine en yakın olan mikroyapı görüntüsünde iri tanelerin oluştuğu görülmektedir. Gerçekleştirilen bu birleştirme işleminde ITAB'ın genişliği, bir önceki kaynak hızlarında meydana gelen ITAB genişliğine göre daha geniş bir alanda oluşmuştur.

10 cm/dk kaynak hızında gerçekleştirilen birleştirmelere ait mikroyapı resimleri aşağıda Resim 7.6'da verilmiştir.

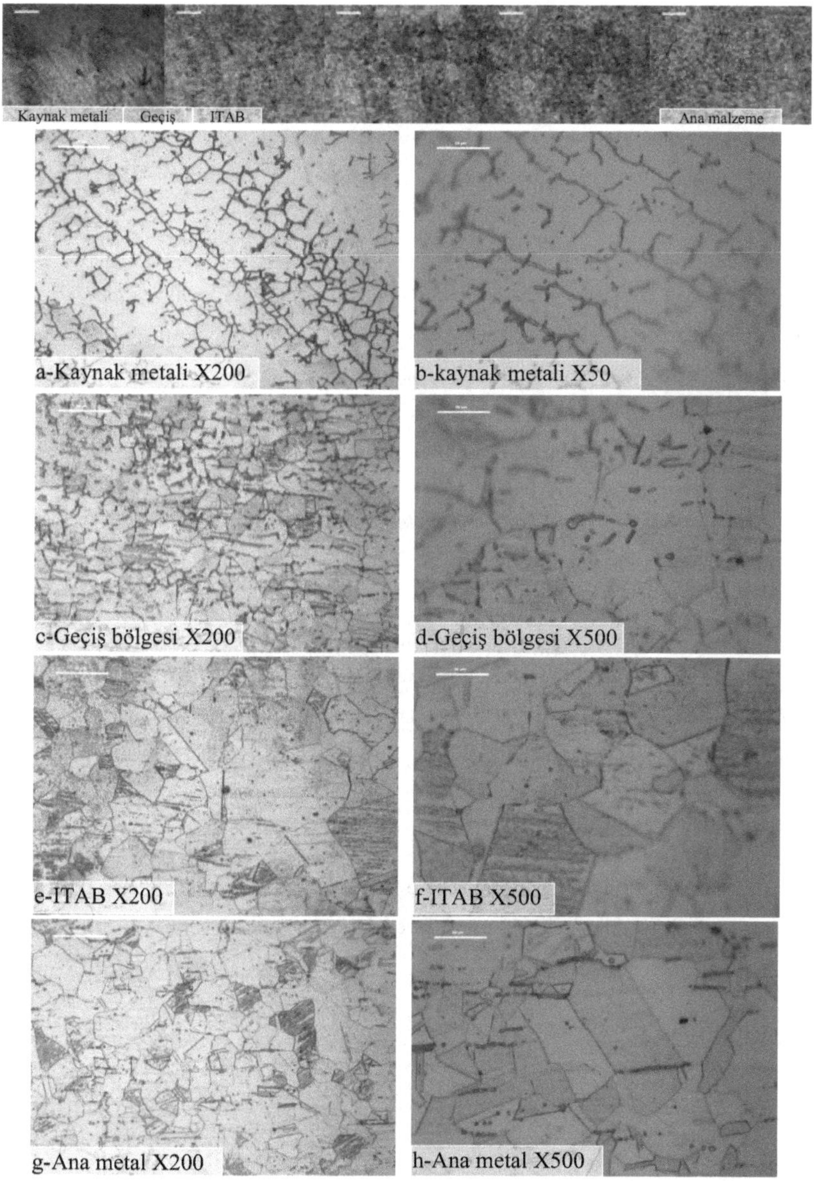

Resim 7.6. 10 cm/dk hızda yapılan numunenin geçiş ve kaynak metali mikroyapı görüntüleri.

En düşük hız olan 10 cm/dk kaynak hızında gerçekleştirilen birleştirmenin mikroyapı görüntülerinde (Resim 7.6), kaynak metali taneleri diğerlerine benzer şekilde dentritik tanelerden oluşmuştur. Ancak 30, 20 ve 15 cm/dk kaynak hızında yapılan birleştirmelerin mikroyapılarına göre (Resim 7.3 a ve b, Resim 7.4 a ve b, Resim 7.5 a ve b) daha iri bir görünümde olduğu ve kaynak metalinde oluşan tanelerin kaynak metali merkez çizgisi ile olan açılarının daha da arttığı gözlenmiştir. Geçiş bölgesi mikroyapı görüntülerinde (Resim 7.6 c ve d) ise kaynak metali tanelerinin ana metal taneleri ile oldukça uyumlu bir geçiş sergilediği ve aynı zamanda geçiş sınırının belirginsizleştiği görülebilmektedir. Seçilen 10 cm/dk kaynak hızında ısı girdisi oldukça yüksek olmuş ve dolayısıyla soğuma süresi uzamış, buda tanelerin daha homojen bir şekilde geçiş sergilemesine imkân sağlamıştır. Şeçilen bu kaynak hızındaki birleştirme işleminde oluşan ITAB alanı, deneysel çalışmalarda gerçekleştirilen diğer kaynak hızlarında oluşan ITAB alanına göre en geniş olanıdır.

Mikroyapı sonuçlarına genel olarak bakıldığında aynı şartlar ve ortamda yapılan birleştirme işlemlerinde kaynak hızının artması ile birleştirmelerin mikroyapıları ve ITAB genişliği belirgin bir şekilde değişiklikler göstermektedir. Kaynak hızının artması malzemeye uygulanan ısı girdisi miktarını azaltmakta, buda kaynak metalinin hızlı soğumasını sağlamakta ve daha ince yapılı tanelerin meydana gelmesine neden olmaktadır. Kaynak hızının azalması ise uygulanan ısı girdisi miktarını arttırmakta ve sonuç olarak kaynak metali tanelerinin irileşmesine ve ITAB'ın geniş bir hal almasına neden olmaktadır.

7.2. Sertlik Ölçüm Sonuçları ve Tartışma

Yapılan deneysel çalışmalar sonucunda elde edilen kaynaklı parçaların her iki yönünden başlayarak kaynak metaline kadar sertlik değerleri alınmıştır. Alınan sertlik sonuçları Şekil 7.1'de grafik olarak verilmektedir.

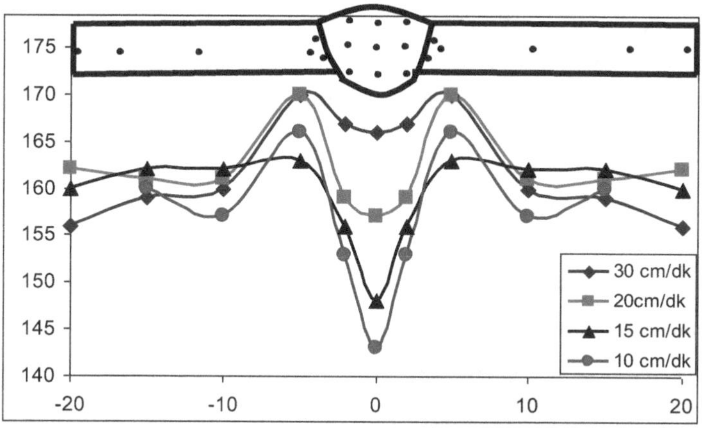

Şekil 7.1. 30, 20, 15 ve 10 cm/dk hızlarda yapılan kaynaklı malzemelerden alınan sertlik sonuçları

Kaynak metali soğuma süresi az olduğunda kaynak metali sertliğinin yüksek olduğu, soğuma süresinin artmasıyla beraber sertliğin azalma gösterdiği daha önce yapılan çalışmalarda da vurgulanmaktadır [107-110]. Kaynak hızı arttıkça kaynak edilen malzemeye daha az ısı girdisi olmaktadır ve soğuk kısımlar tarafından bu ısı hızla çekilmektedir. Dolayısıyla kaynak metali hızlı bir şekilde soğuma göstermektedir. Bu soğuma hızına bağlı olarak da sertlik miktarı artış göstermektedir. Şekil 7.1'de verilen sertlik sonuçlarına ait grafik incelendiğinde; en yüksek kaynak hızı olan 30 cm/dk kaynak hızında yapılan kaynaklı malzemenin kaynak metali sertliğinin yaklaşık 166 HB ile en yüksek çıkarken, en düşük hız olan 10 cm/dk hızda yapılan kaynak işlemine ait malzemenin kaynak metali sertliği yaklaşık olarak 143 HB ile en düşük olduğu görülmektedir. Bunun nedeni olarak düşük kaynak hızlarında malzemeye daha fazla ısı girdisi uygulanmakta sonuç olarak malzeme daha geç soğumaktadır. Dolayısıyla sertlik buna bağlı olarak değişiklikler sergilemektedir.

7.3. Termal Analiz Sonuçları ve Tartışma

Ergitmeli kaynak yöntemleri ile yapılan kaynak işlemi sürekli bir akışkanın kaynaklanacak yüzey üzerine hızlı bir şekilde adeta dökülmesi ve hızlı bir biçimde katılaşmasından oluşmaktadır. Süreklilik arz eden bu işlemde yüksek sıcaklıktaki ergime (yaklaşık 2200 ^{o}C) ve katılaşma zamanı en önemli parametredir. Kaynak metali sıcaklığını inceleyen Ericson'da yaptığı çalışmalarında kaynak metali yüzey sıcaklığının 2200 ^{o}C olduğu belirtmiştir[32]. Gerçek kaynak işlemlerinde ve 3 boyutlu modellemelerde kaynak merkezi en yüksek sıcaklığa sahip iken ısı kaynağının geçtiği bölgeler soğuma ve kaynağın henüz daha ulaşmadığı bölgeler ise ısınma evresindedir. Bu durum kaynatılacak malzemenin boyutu arttığında daha da önem arz etmekte, kaynak işlemi sona geldiğinde başlangıç noktası soğumuş olmaktadır.

Isı kaynağı bir taraftan ilerleyerek yeni eriyik alanları oluştururken arkasında bıraktığı kısım hızlı bir katılaşma ve soğuma eğilimindedir ve bu işlem çok kısa bir zaman diliminde gerçekleşmektedir. Dolayısı ile kaynak metalinin bir bütün olarak aynı anda ısındığını varsaymak modellemede bir hata oluşturacaktır. Bu nedenle bu çalışmada kaynak metali yaklaşık ergiyik hacmi kadar olduğu varsayılarak 100 mm'lik kaynak metali mesafesi 10 ar mm uzunluğundaki alanlara bölünerek adım adım modellenmiştir.

7.4. Sıcaklık Ölçüm Sonuçları ve Tartışma

Yapılan deneysel çalışmalarda Resim 6.2'de gösterildiği gibi kaynak metali üzerinden kızıl ötesi sıcaklık ölçüm yöntemi ile 10 ayrı noktadan sıcaklık ölçümü yapılmış ve alınan sıcaklık değerleri grafik olarak bu bölümde verilmiştir. Bölüm 6'da özellikleri anlatılan kızıl ötesi sıcaklık ölçüm cihazının 600 ^{o}C'nin altında ölçüm yapmadığından dolayı deneylerde ölçülen en düşük kaynak metali sıcaklığı 600 ^{o}C olarak kaydedilmiştir. Ana malzeme üzerinden de aynı anda K tipi ısıl çift ile 10 ayrı noktadan sıcaklıklar ölçülmüş ve değerler veri kaydedici üzerinden bilgisayara kaydedilmiştir. Isıl çift yüksek sıcaklıklarda ölçüm yapmaya imkân vermediğinden kaynak metali sıcaklıkları ölçümünde kullanılmamıştır. Kaynak torcunun uç çapı yaklaşık olarak 20 mm olduğundan ısıl çiftler ile kaynak dikişine ancak belirli bir mesafe (15 mm) kadar yaklaşılabilmektedir. Isıl çiftler kaynak metaline dik olacak şekilde 10'ar mm aralıklarla iki sıra şeklinde yerleştirilmiş ve sıcaklık değerleri alınmıştır.

Kaynak metali üzerinden 10 ayrı noktadan ölçülen sıcaklık değerleri Şekil 7.2'de verilmiştir.

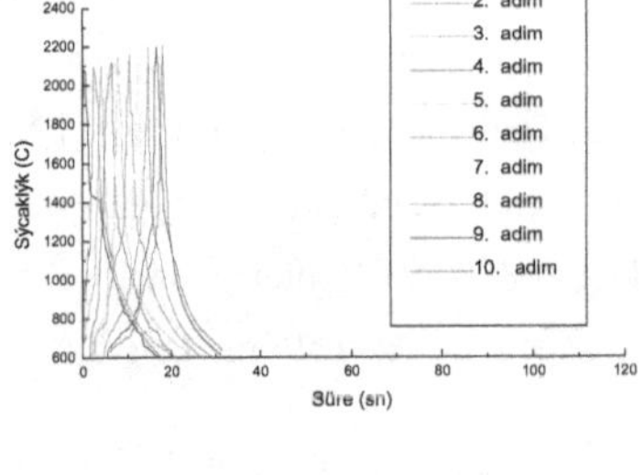

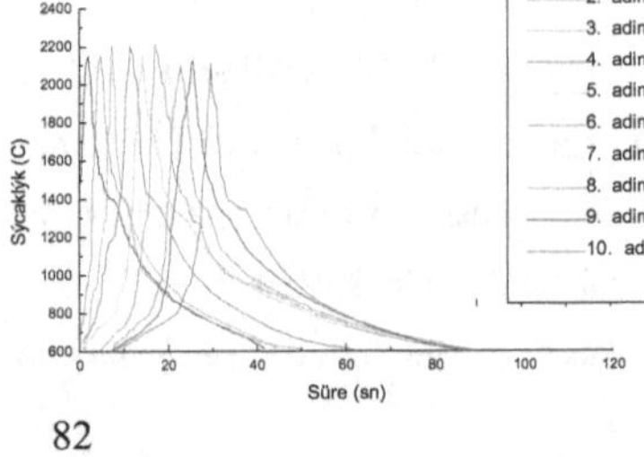

a- 30 cm/dk

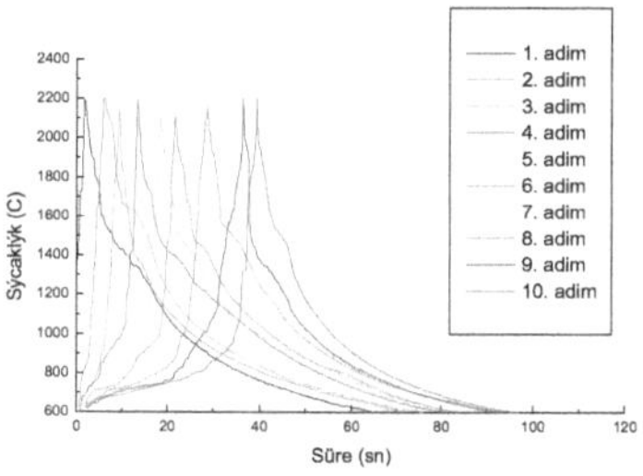

b- 20 cm/dk

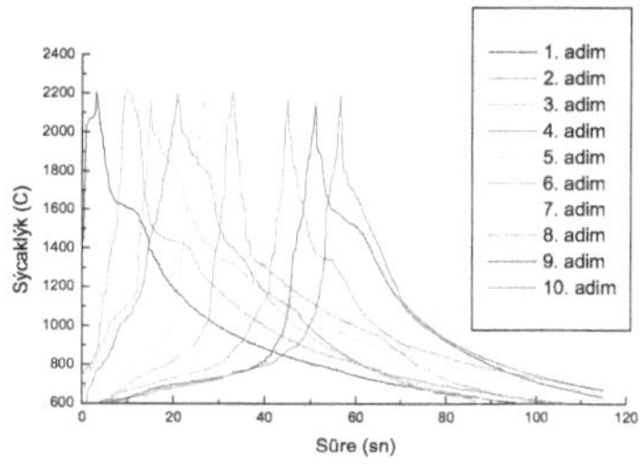

c- 15 cm/dk

d- 10 cm/dk

Şekil 7.2. Farklı hızlardaki kaynak metalinin farklı noktalarından ölçülen sıcaklık grafikleri

Şekil 7.2'deki grafikler incelendiğinde, genel olarak ısı kaynağının ulaştığı nokta en yüksek sıcaklık değerine sahip iken ısı kaynağını bölgeyi terk etmesi ile önce hızlı sonra daha yavaş soğuma periyoduna girmektedir. Isı kaynağının ilerleme yönündeki bölgeler ise ısı kaynağına olan mesafelerine bağlı olarak hızlı yada yavaş yavaş ısınmakta, ısı kaynağının bölgeye ulaşması ile en yüksek sıcaklık değerine ulaşmaktadır. Grafiklerde dikkat edilmesi gereken noktalardan biri de ölçülen en yüksek sıcaklığın hepsinde yaklaşık 2200 ^{o}C olarak görülmesidir. Bu sıcaklık ark ısısının sıcaklığı olduğundan kaynak hızından bağımsızdır. Kaynak metalinin soğuma süresi kaynak hızına bağlı olarak değişmektedir. 30 cm/dk kaynak hızında yapılan kaynak işleminin kaynak metali sıcaklık grafiğinde (Şekil 7.2 a) en son noktasının 600 ^{o}C'nin altına düşmesi yaklaşık 35 saniyede olurken, 10 cm/dk kaynak hızında yapılan kaynak işleminin kaynak metali sıcaklık grafiğinde (Şekil 7.2 d) en son noktasının 600 ^{o}C'nin altına düşmesi yaklaşık 120 saniyede olmuştur. Şekil 7.2 a'da verilen 30 cm/dk kaynak hızında ölçülen sıcaklık grafiğinde ısı kaynağı son noktaya geldiğinde başlangıç noktası 600 ^{o}C'nin altında indiği görülmektedir. Benzer durum diğer grafiklerde de görülmektedir. Ancak burada dikkat edilmesi gereken nokta kaynak metali soğuma süresinin kaynak hızına bağlı olarak değiştiğidir. Bu durumu daha iyi açıklayabilmek için 10, 15, 20 ve 30 cm/dk hızlarda yapılan kaymak işlemlerinin kaymak metalinin merkezinden alınan sıcaklık değerleri Şekil 7.3'deki grafikde verilmiştir. Grafiklerde ısınma ve soğuma sürelerinin yanı sıra 1400-1450 ^{o}C aralığında soğuma periyodundaki kırılma dikkat çekmektedir. Grafiklerdeki bu kırılmanın sebebi sıvıdan katıya geçerken ki hal değişimidir. Bu hal değişimleri Şekil 6.2-4'de verilen malzemeye ait termel özellikler grafiklerinde de görülmektedir.

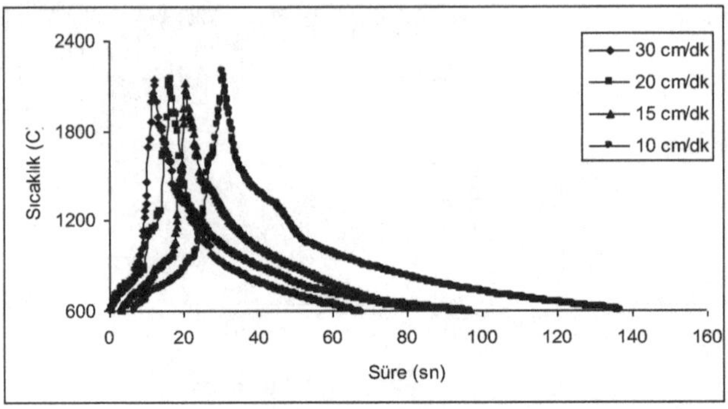

Şekil 7.3. 10, 15, 20 ve 30 cm/dk kaynak hızlarında kaynak metali merkezinden ölçülen sıcaklık grafikleri

7.5.1. 30 cm/dk hızda yapılan kaynak işlemine ait sonlu elemanlar sonuçları ve ana malzeme sıcaklık grafikleri

Şekil 7.4'de 30 cm/dk hızda yapılan kaynak işleminde ana malzeme üzerinden ölçülen zamana bağlı sıcaklık grafikleri, sonlu elemanlar modellemesi ve model üzerinden alınan.

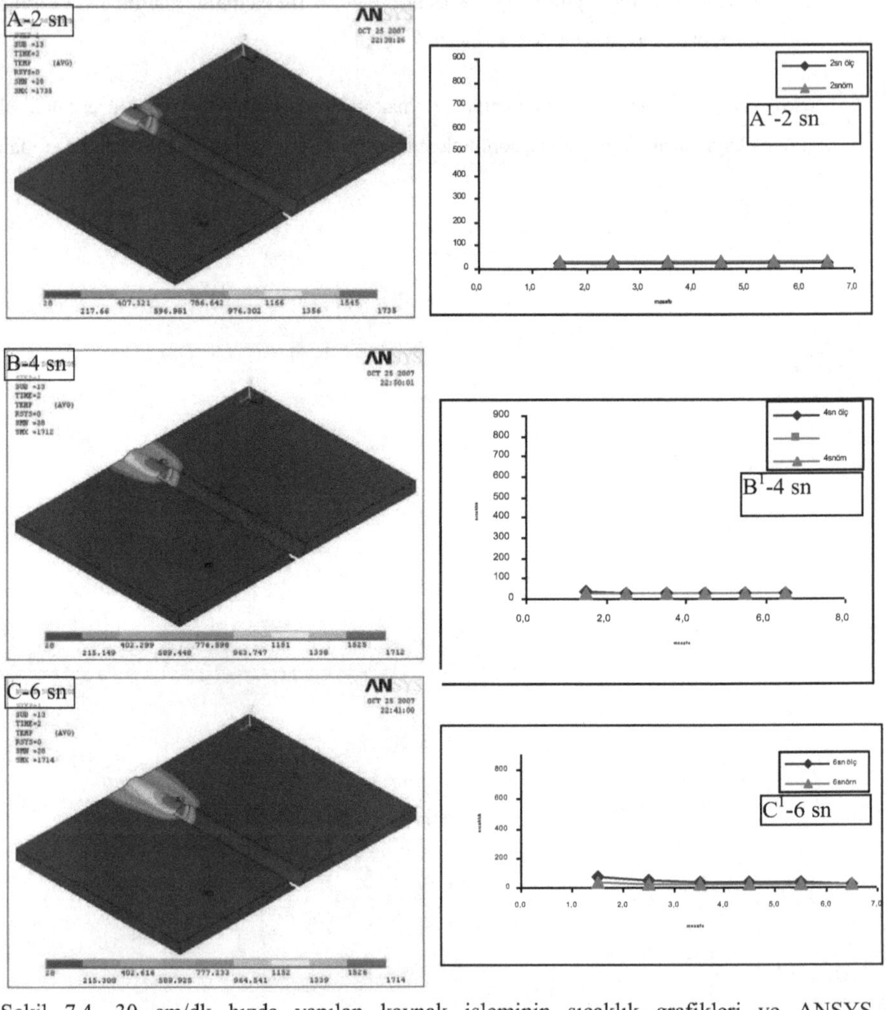

Şekil 7.4. 30 cm/dk hızda yapılan kaynak işleminin sıcaklık grafikleri ve ANSYS programında oluşturulan kaynak simülasyon görüntüleri.

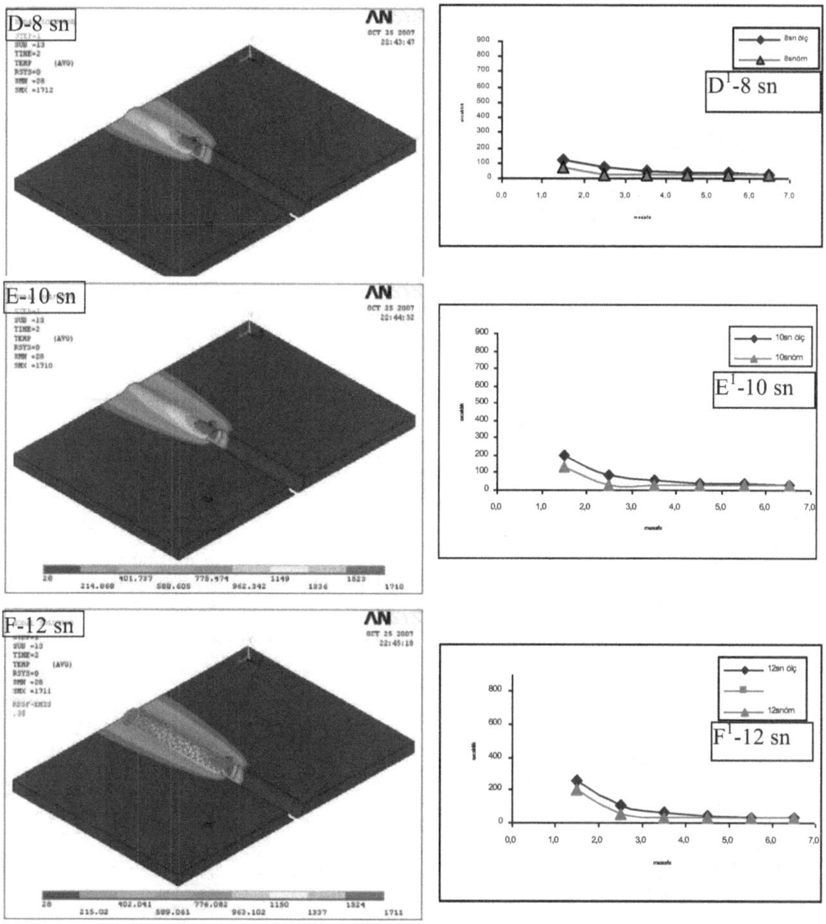

Şekil 7.4. (Devam) 30 cm/dk hızda yapılan kaynak işleminin sıcaklık grafikleri ve ANSYS programında oluşturulan kaynak simülasyon görüntüleri.

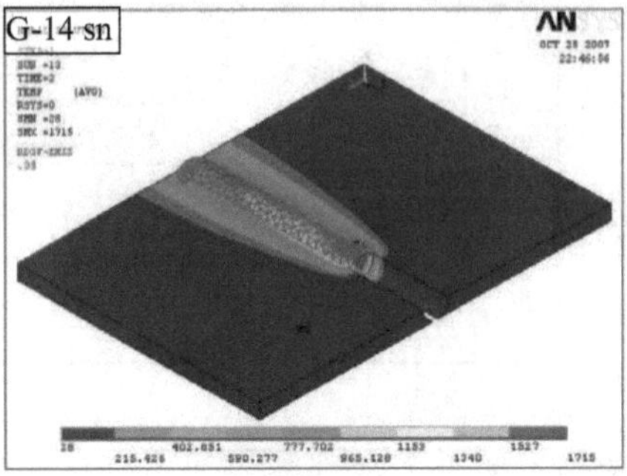

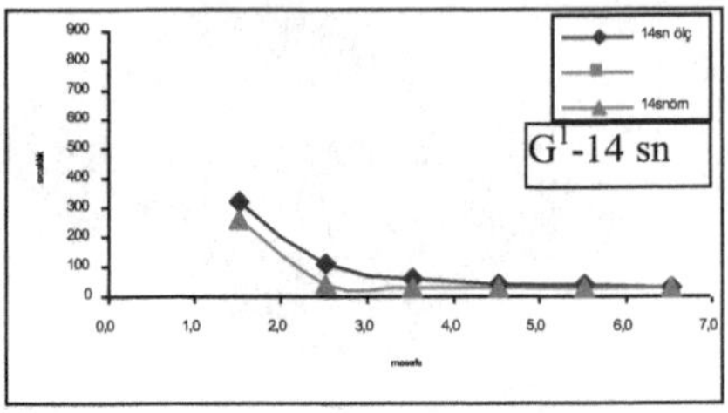

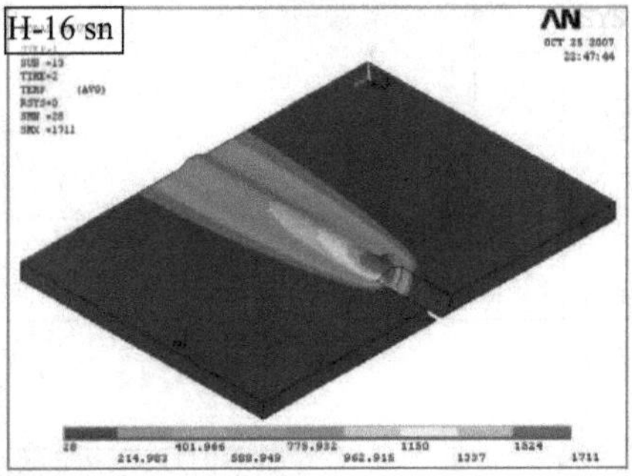

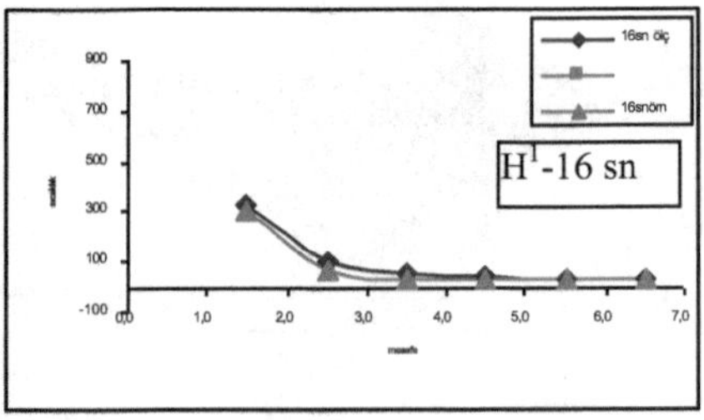

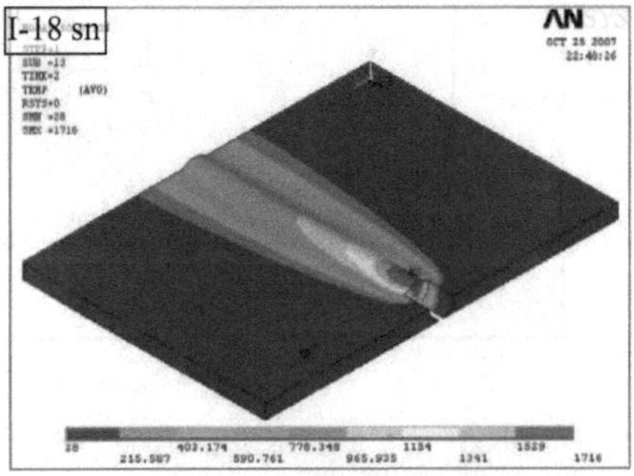

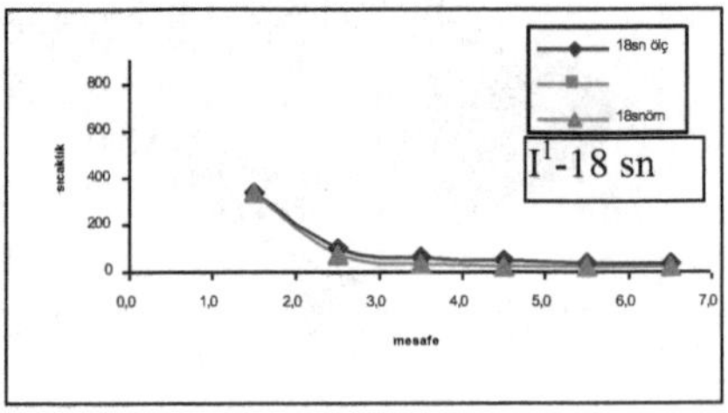

Şekil 7.4. (Devam) 30 cm/dk hızda yapılan kaynak işleminin sıcaklık grafikleri ve ANSYS programında oluşturulan kaynak simülasyon görüntüleri.

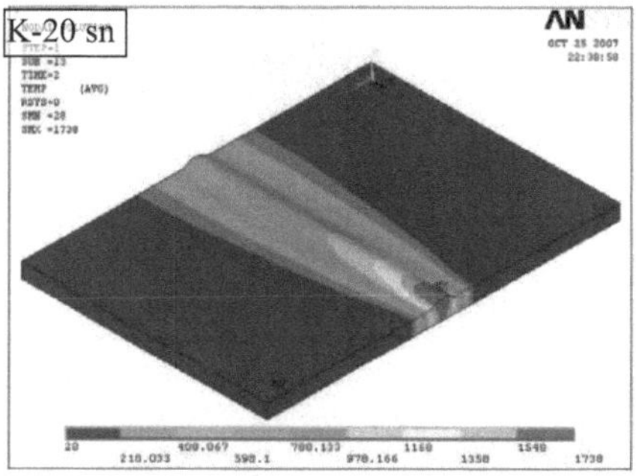

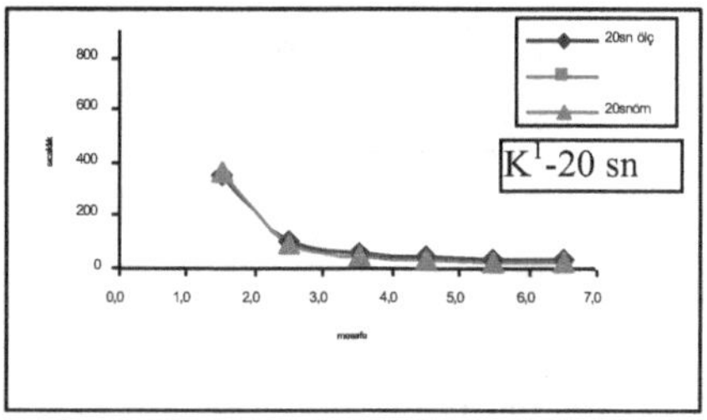

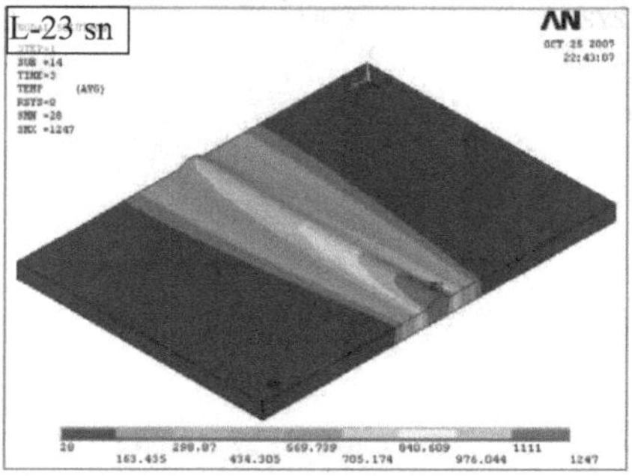

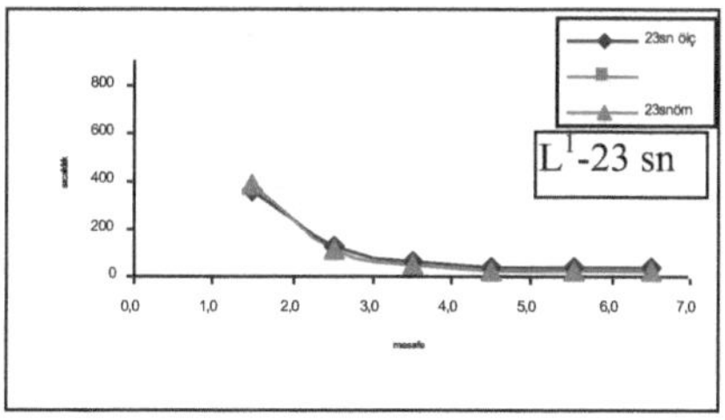

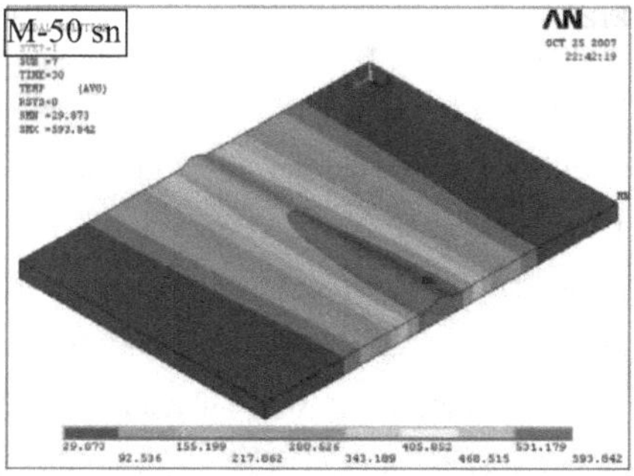

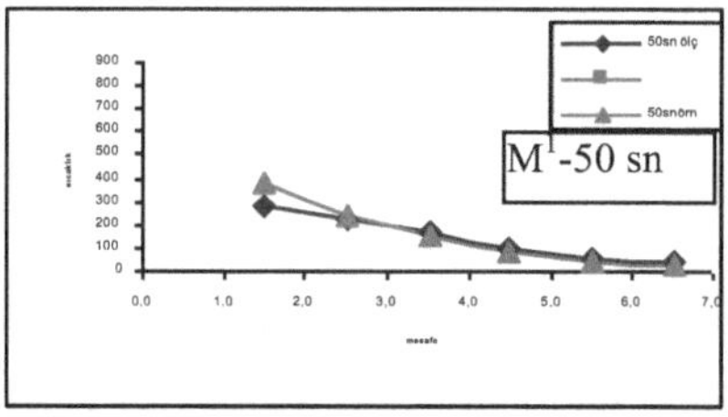

Şekil 7.4. (Devam) 30 cm/dk hızda yapılan kaynak işleminin sıcaklık grafikleri ve ANSYS programında oluşturulan kaynak simülasyon görüntüleri.

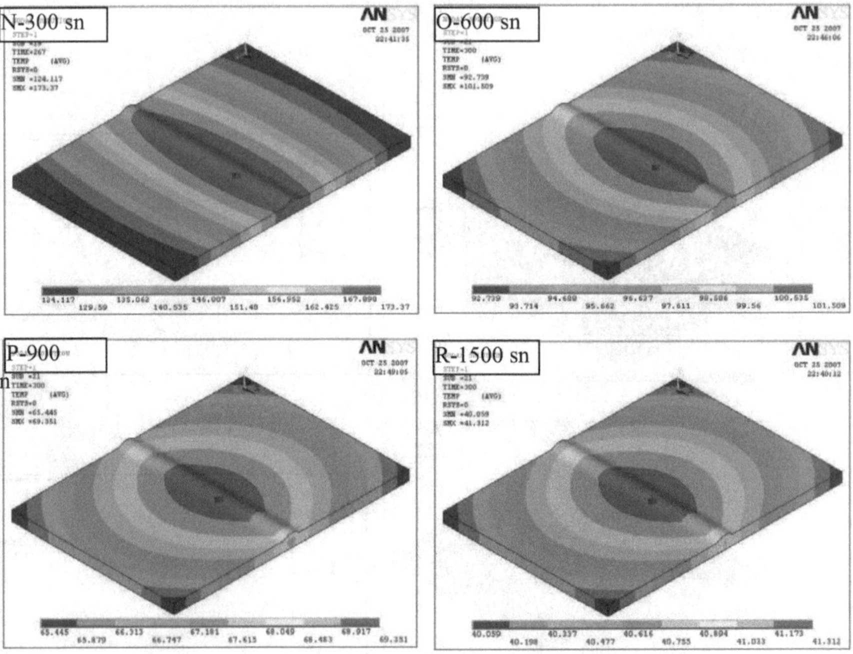

Şekil 7.4. (Devam) 30 cm/dk hızda yapılan kaynak işleminin sıcaklık grafikleri ve ANSYS programında oluşturulan kaynak simülasyon görüntüleri.

Şekil 7.4'de 30 cm/dk kaynak hızında yapılan kaynak işleminin ANSYS programında modellenmiş sıcaklık dağılım görüntüleri ile deneysel ölçümlerden ve ANSYS programından elde edilen ana malzeme sıcaklık grafikleri verilmektedir. 100 mm uzunluğunda ve 70 mm genişliğindeki iki parça seçilen parametreler dâhilinde 20 saniyelik zaman diliminde kaynaklanarak deneyler yapılmış, ANSYS programında da deneysel çalışmalara eşdeğer olması için aynı ölçülerde geometrik model oluşturulmuş ve kaynak işlemi 20 saniyede tamamlatılmıştır. Kaynak metali başlangıç sıcaklığı deneysel olarak ölçülen ark sıcaklığı olan 2200 ^{o}C olarak tanımlanmıştır. Şekil 7.4'de kaynak işlemi tamamlanıncaya kadar 2'şer saniye sürelerle örnekler alınmış (Şekil 7.4 a,b,c,d,e,f,g,h,ı,k) ve kaynak zamanı tamamlandıktan sonara sıcaklık dağılımlarını görmek amacıyla belirli zaman dilimlerinde soğutulmuştur (Şekil 7.4. l,m,n,o,p,r). Görüntüler incelendiğinde 1500 saniye sonunda malzemenin 40 ^{o}C'ye soğuduğu görülmüştür (Şekil 7.4 r). Kaynak başlatıldığından 2 saniye sonraki sıcaklık dağılımları (Şekil 7.4 a ve a') ana malzemenin tamamına yakını halen daha oda sıcaklığında iken, 10 saniye sonra (Şekil 7.4 e ve e') kaynak metaline yakın kısımlarda sıcaklık artmakta, ısı kaynağının geçtiği kaynak metalini temsil eden bölgelerde ise sıcaklık azalmaktadır. 20

saniye sonunda kaynak işlemi tamamlandığında kaynak metalinden ana malzemeye olan ısı transferi artarak devam etmekte ve ana malzemenin sıcaklığının da arttığı görülmektedir. Kaynaktan 30 saniye sonra (Şekil 7.4 m) kaynak metalini temsil eden bölgenin sıcaklığının hızla azaldığı, ana malzeme sıcaklığının ise artmaya devam ettiği görülmektedir. Kaynak tamamlandığında kaynak merkezine en uzak mesafeden ölçülen ana malzeme sıcaklığı 28-30 ^oC ile halen oda sıcaklığında iken, kaynaktan 300 saniye sonra aynı noktadaki sıcaklık 124 ^oC'ye yükseldiği tespit edilmiştir (Şekil 7. n). Şekil 7.4 m^1'de verilen grafik incelendiğinde ise ana malzeme sıcaklık dağılımının önceki zamanlara göre daha doğrusal bir hal aldığı görülmektedir. Kaynak işlemi tamamlandıktan 600 saniye sonra (Şekil 7.4 o) malzemenin tamamında sıcaklığın eşit olduğu görülmüştür. Şekil 7.4'de verilen ana malzeme sıcaklık grafikleri incelendiğinde hem deneysel ölçümden alınan hem de ANSYS programından elde edilen sonuçlarda kaynak metali merkezinden 15 mm uzaklıktaki mesafenin en yüksek sıcaklığa (400 ^oC) ulaştığı görülmüştür. Seçilen bu parametreler dâhilinde yapılan kaynak işleminde kaynak hızının fazla olması, ısı girdisi miktarının az olmasına neden olmuştur. Ayrıca malzemenin ısı iletim katsayısının da düşük olması ısıdan etkilen bölgenin dar olmasına neden olmuştur.

7.5.2. 20 cm/dk hızda yapılan kaynak işlemine ait sonlu elemanlar sonuçları ve ana malzeme sıcaklık grafikleri

Şekil 7.5'de 20 cm/dk hızda yapılan kaynak işleminde ana malzeme üzerinden ölçülen zamana bağlı sıcaklık grafikleri, sonlu elemanlar modellemesi ve model üzerinden alınan sıcaklık grafikleri verilmektedir.

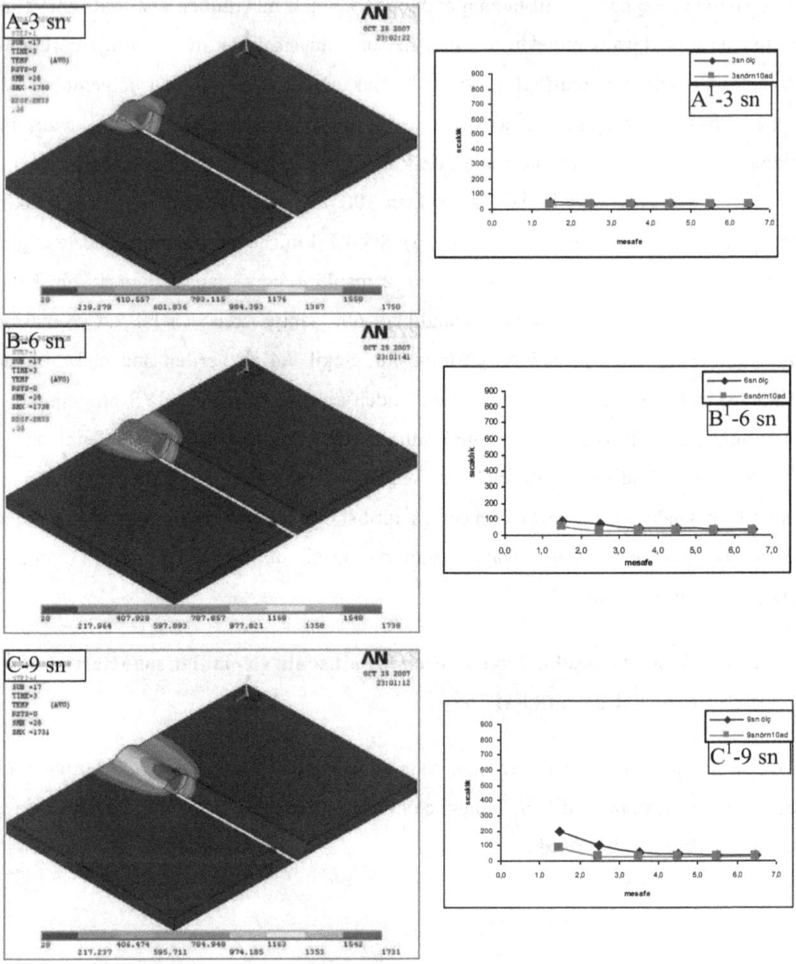

Şekil 7.5. 20 cm/dk hızda yapılan kaynak işleminin ANSYS programında oluşturulan kaynak simülasyon görüntüleri ve sıcaklık grafikleri

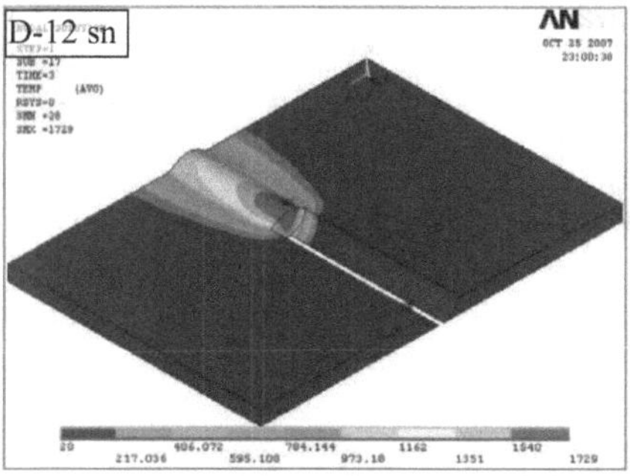

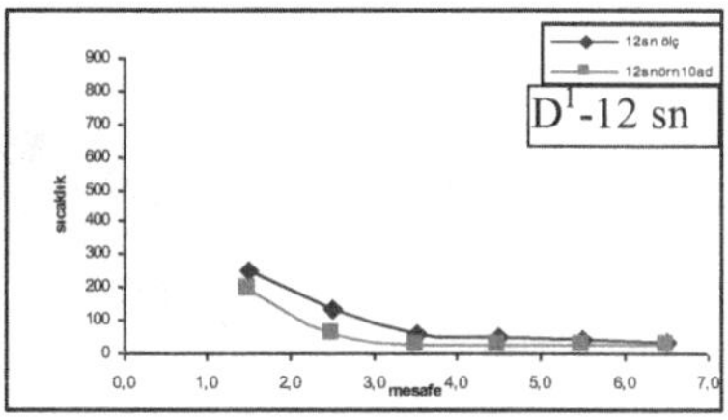

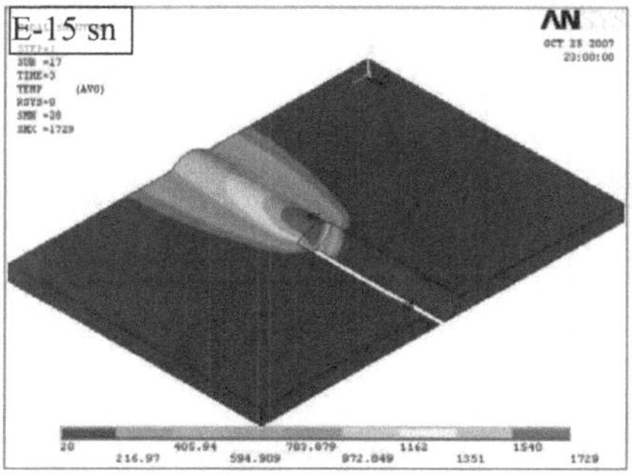

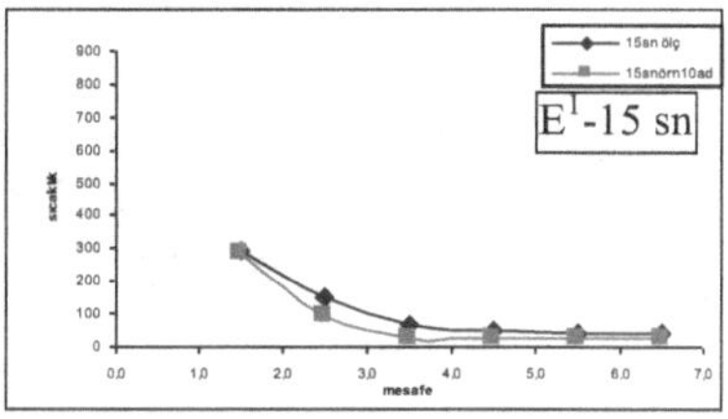

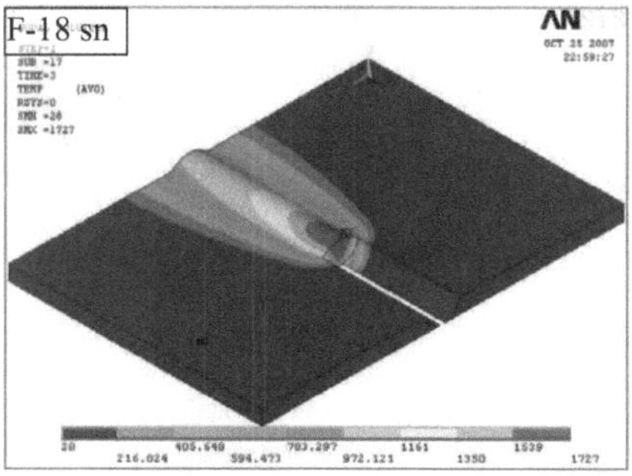

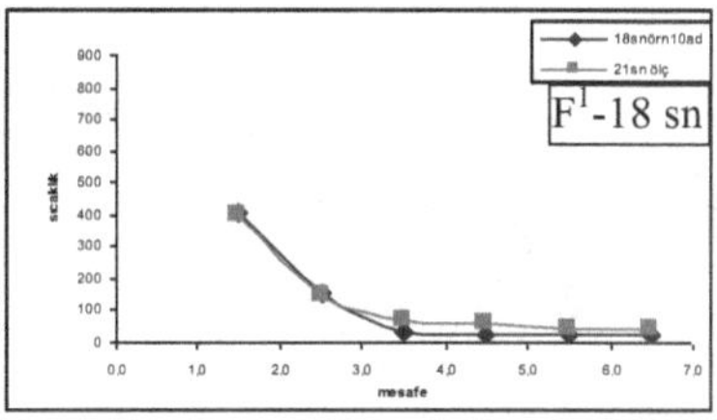

Şekil 7.5. (Devam) 20 cm/dk hızda yapılan kaynak işleminin ANSYS programında oluşturulan kaynak simülasyon görüntüleri ve sıcaklık grafikleri.

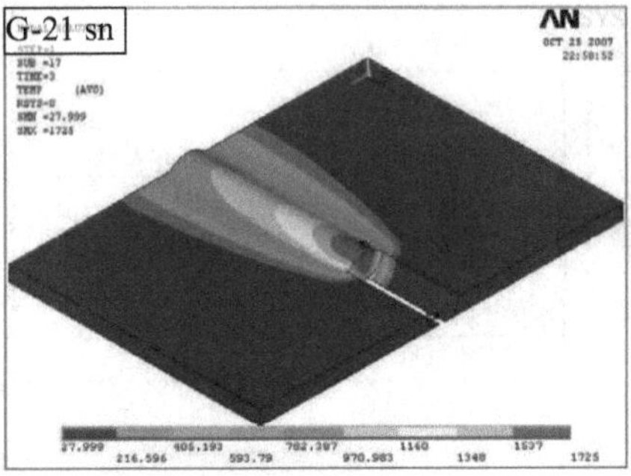

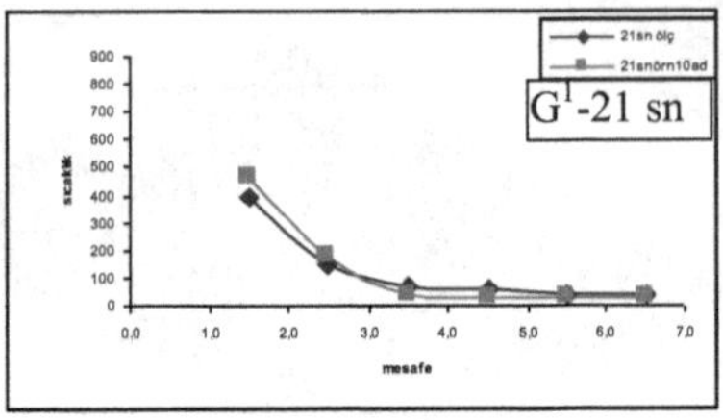

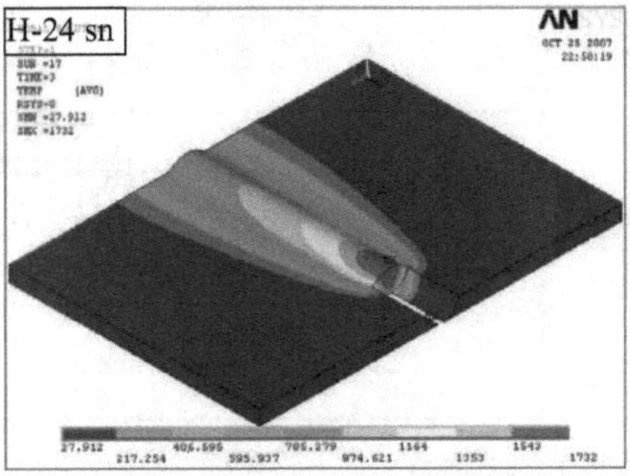

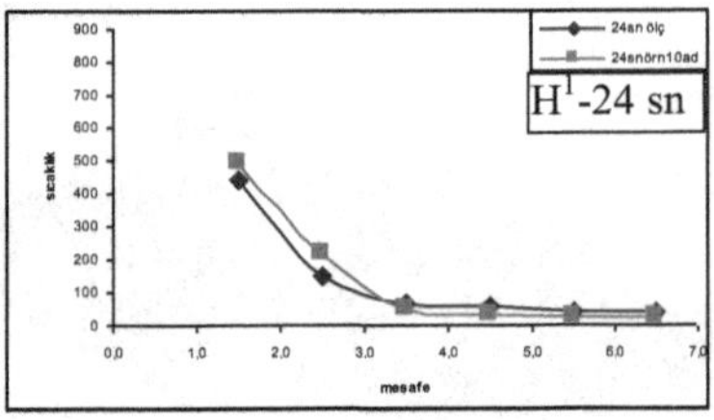

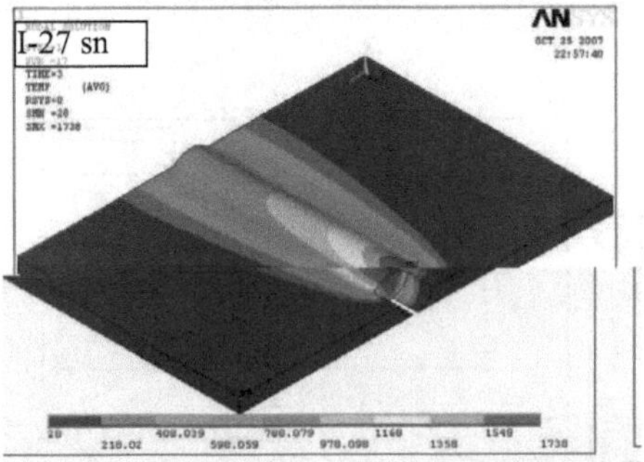

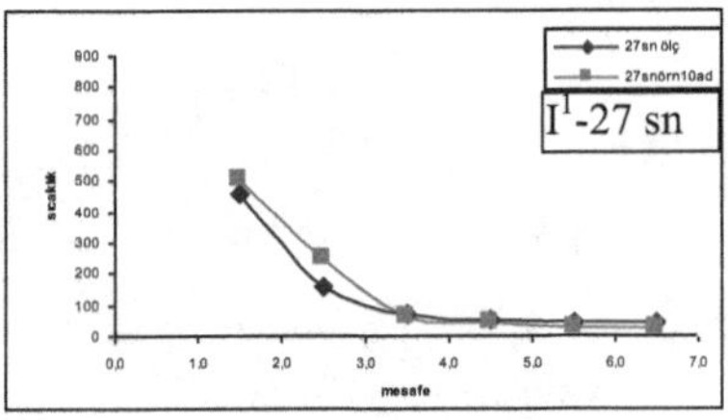

Şekil 7.5. (Devam) 20 cm/dk hızda yapılan kaynak işleminin ANSYS programında oluşturulan kaynak simülasyon görüntüleri ve sıcaklık grafikleri.

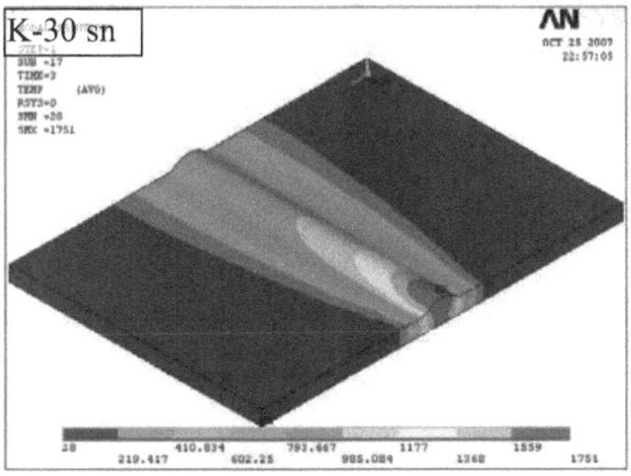

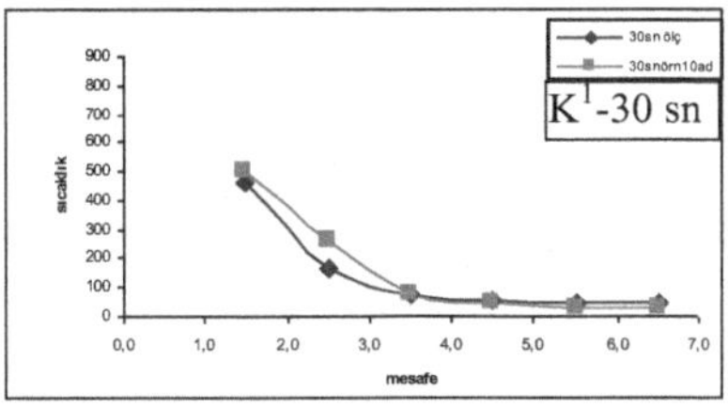

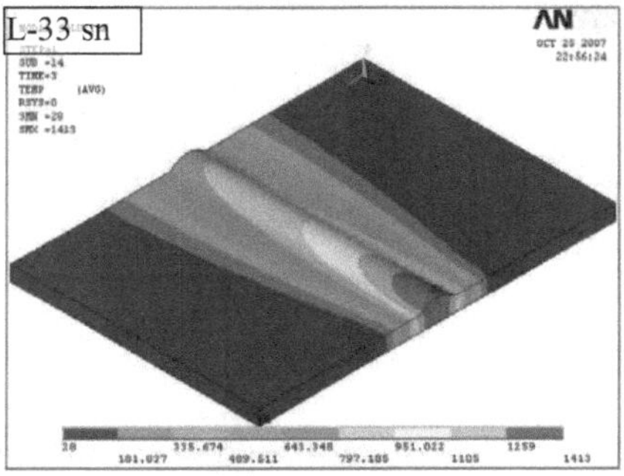

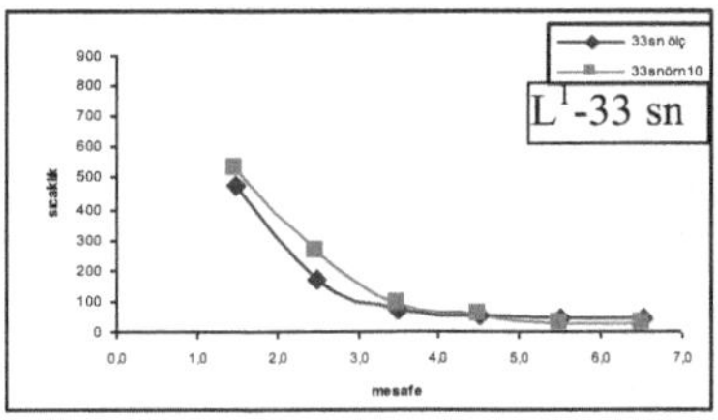

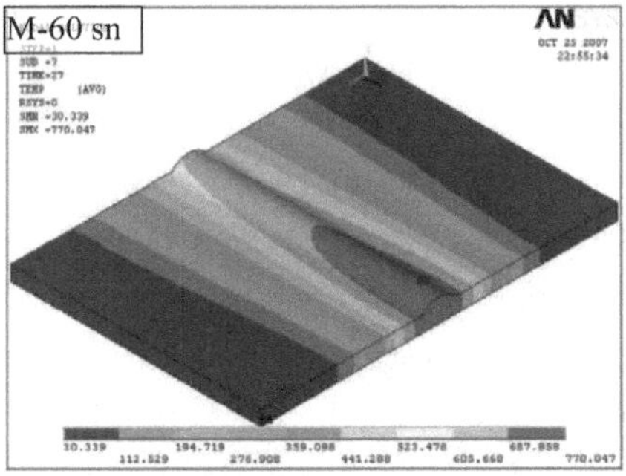

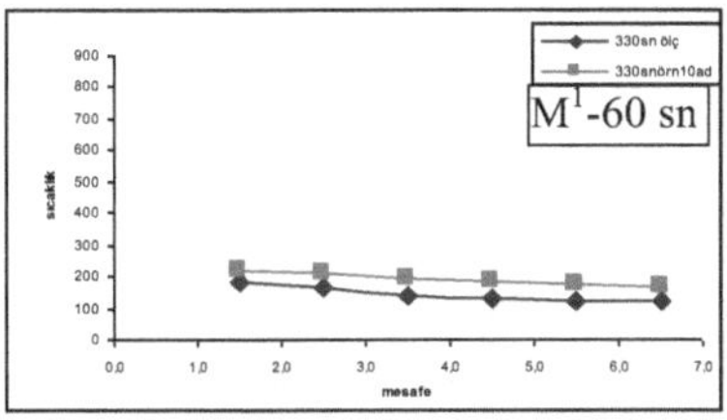

Şekil 7.5. (Devam) 20 cm/dk hızda yapılan kaynak işleminin ANSYS programında oluşturulan kaynak simülasyon görüntüleri ve sıcaklık grafikleri.

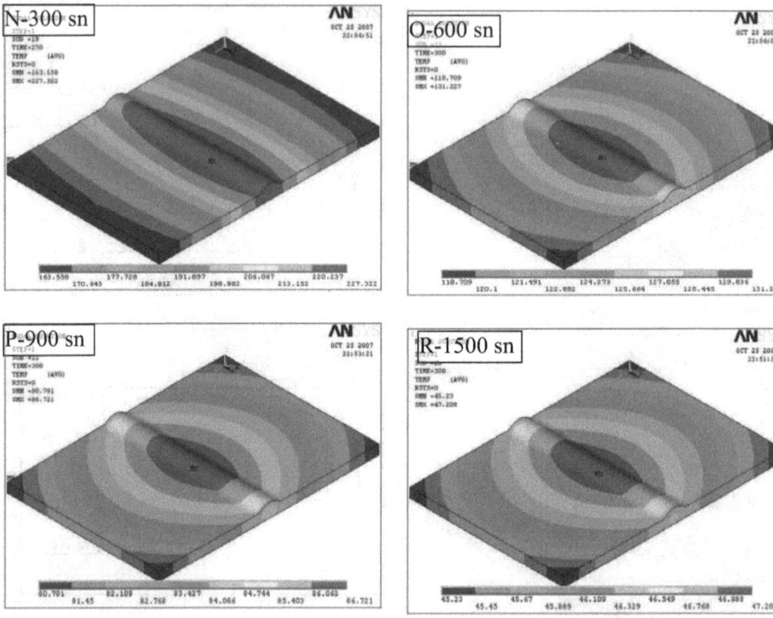

Şekil 7.5. (Devam) 20 cm/dk hızda yapılan kaynak işleminin ANSYS programında oluşturulan kaynak simülasyon görüntüleri ve sıcaklık grafikleri.

Şekil 7.5'de verilen ANSYS simülasyonu görüntüleri genel olarak incelendiğinde, Şekil 7.4'de verilen 30 cm/dk kaynak hızındaki ANSYS simülasyon görüntülerine benzemektedir. Ancak 20 cm/dk kaynak hızında yapılan bu işlemde kaynak hızının daha yavaş olmasından dolayı ısı girdisi daha fazla olmuştur. Eş. 4.6 ve 4.8'de kaynak hızının ısı girdisini etkileyen en önemli faktör olduğu görülmektedir. Isı girdisinin fazla olması malzemenin ısıdan etkilenen bölgesinin daha geniş olmasına sebep olmaktadır. Kaynak merkezinden 15 mm uzaklıktan alınan ana malzeme sıcaklık değerlerinde 30 cm/dk hızda yapılan kaynakta en yüksek değer yaklaşık 400 ^{o}C olurken (Şekil 7. 3 g^{1}-h^{1}), 20 cm/dk olarak seçilen kaynak işlemlerinde bu değer yaklaşık 550 ^{o}C'ye çıktığı tespit edilmiştir (Şekil 7.5 h^{1}, $ı^{1}$, k^{1}). Kaynak işlemi tamamlandıktan 300 sn sonraki ana malzeme sıcaklıklarına baktığımızda Şekil 7.3 n'de kaynak metalinden en uzak mesafedeki ana malzeme sıcaklığı yaklaşık 125 ^{o}C iken Şekil 7.5 m'de daha yavaş olarak kaynatılan malzemenin aynı noktadaki sıcaklığı 165 ^{o}C olduğu görülmektedir. Bu kaynak hızındaki sıcaklık değerleri bir önceki ile aynı olmamakla beraber oran olarak paralellik göstermektedir.

7.5.3. **15 cm/dk hızda yapılan kaynak işlemine ait sonlu elemanlar sonuçları ve ana malzeme sıcaklık grafikleri**

Şekil 7.6'de 15 cm/dk hızda yapılan kaynak işleminde ana malzeme üzerinden ölçülen zamana bağlı sıcaklık grafikleri, sonlu elemanlar modellemesi ve model üzerinden alınan sıcaklık grafikleri verilmektedir.

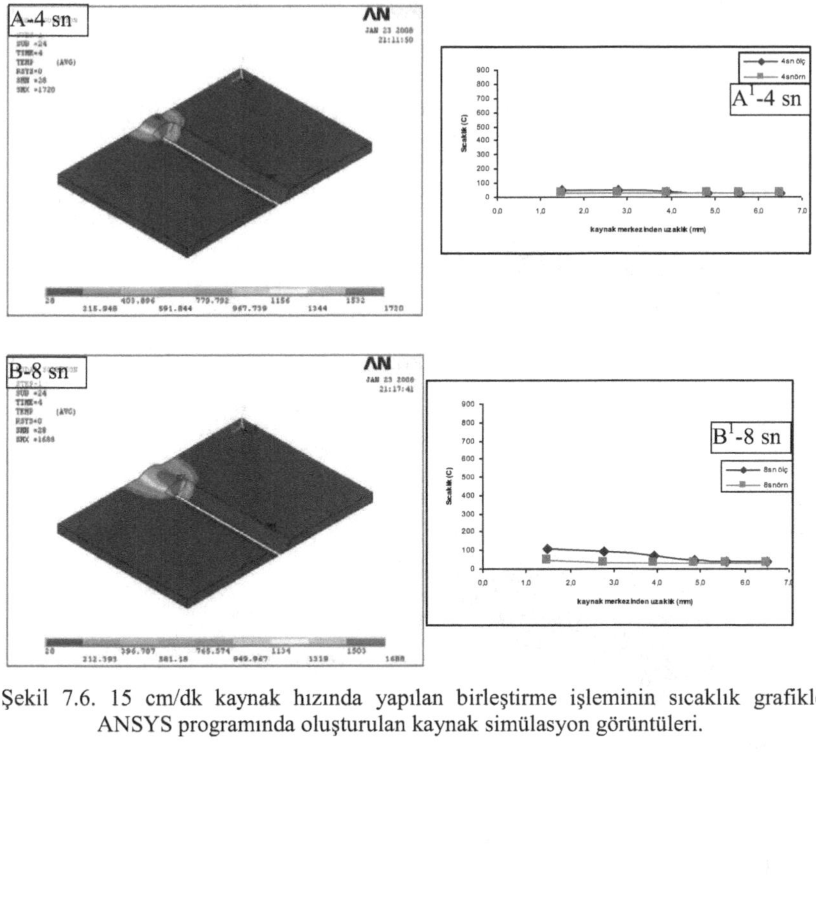

Şekil 7.6. 15 cm/dk kaynak hızında yapılan birleştirme işleminin sıcaklık grafikleri ve ANSYS programında oluşturulan kaynak simülasyon görüntüleri.

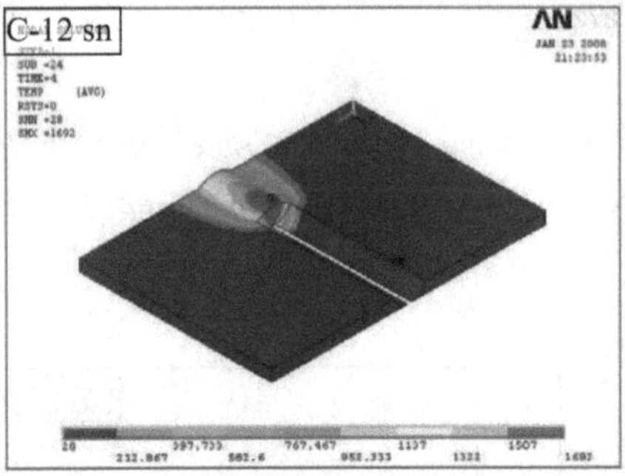

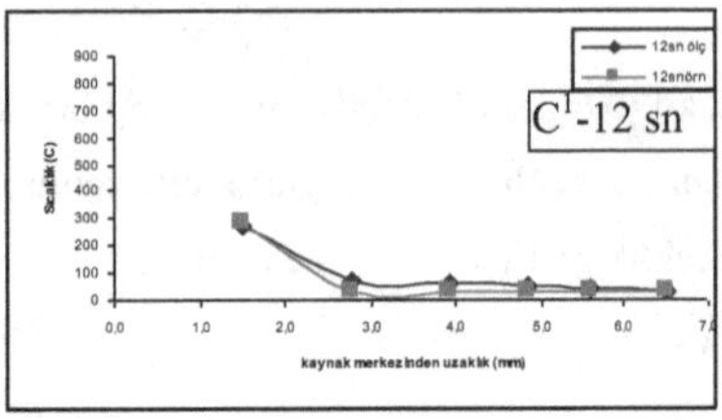

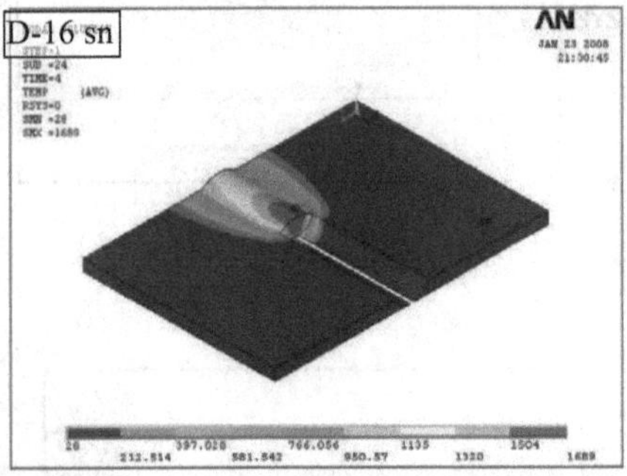

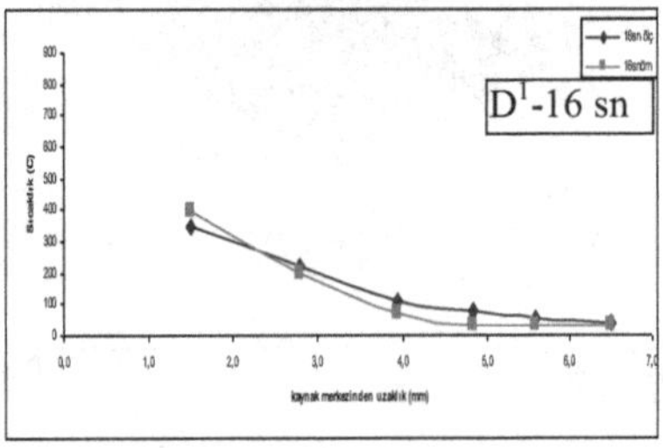

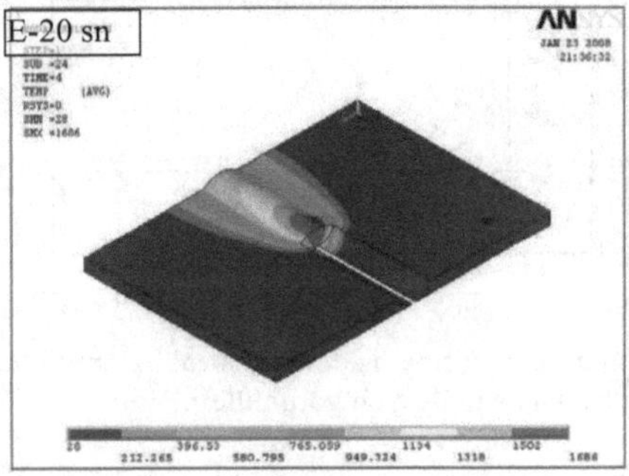

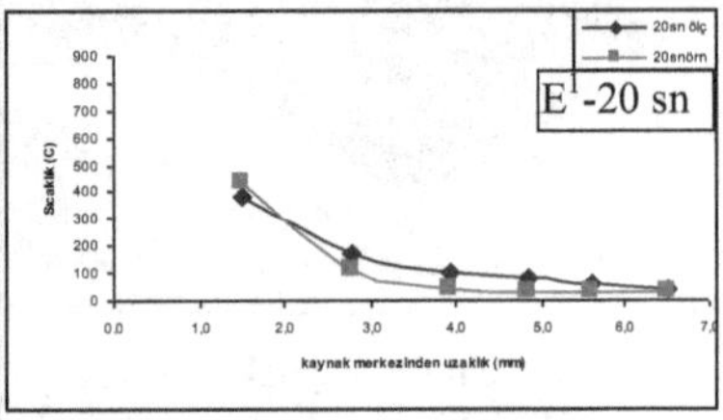

Şekil 7.6. (Devam) 15 cm/dk kaynak hızında yapılan birleştirme işleminin sıcaklık grafikleri ve ANSYS programında oluşturulan kaynak simülasyon görüntüleri.

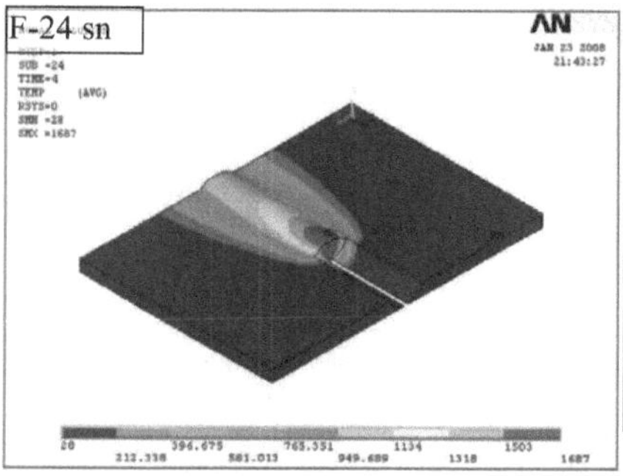

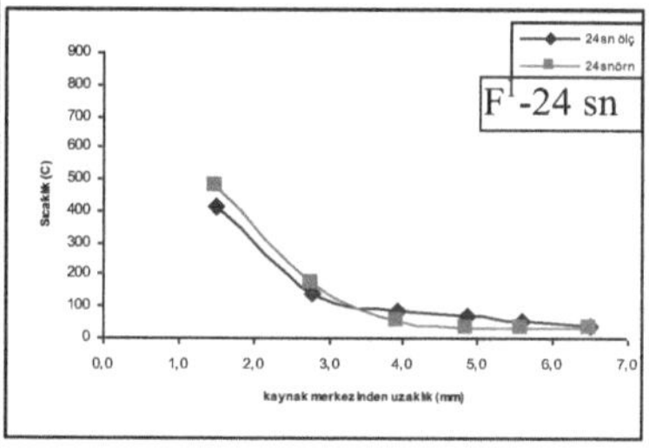

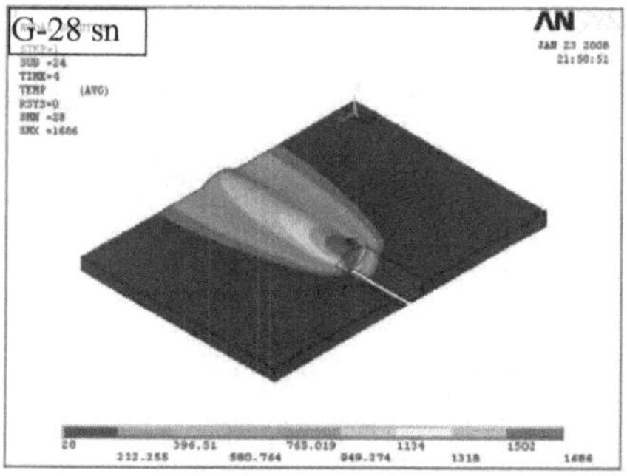

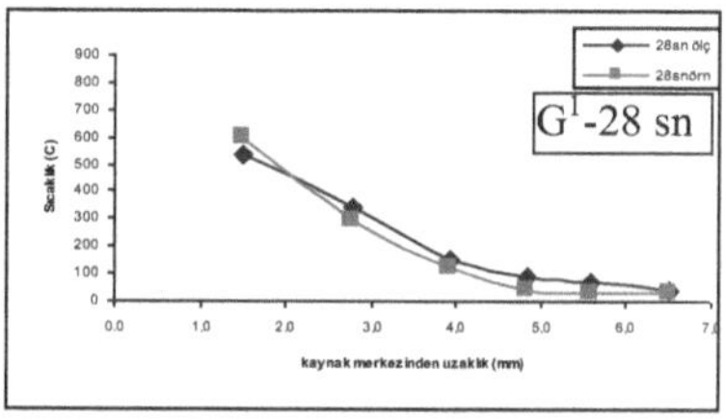

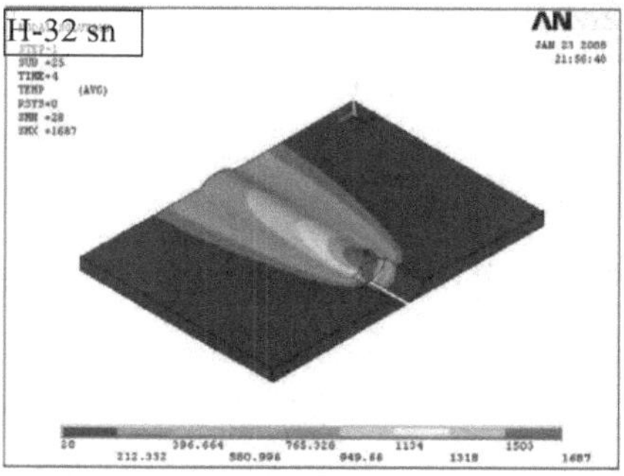

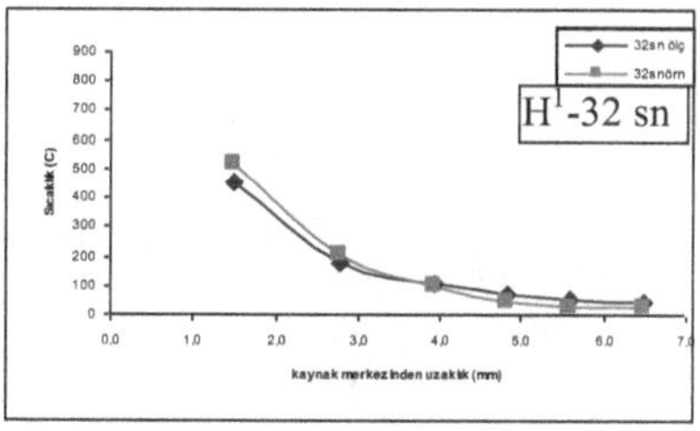

Şekil 7.6. (Devam) 15 cm/dk kaynak hızında yapılan birleştirme işleminin sıcaklık grafikleri ve ANSYS programında oluşturulan kaynak simülasyon görüntüleri.

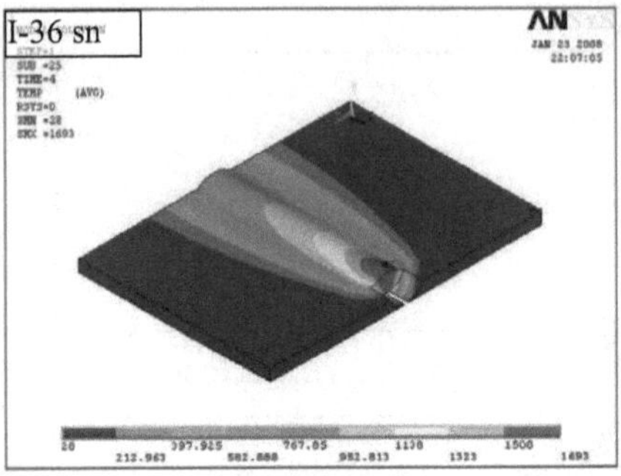

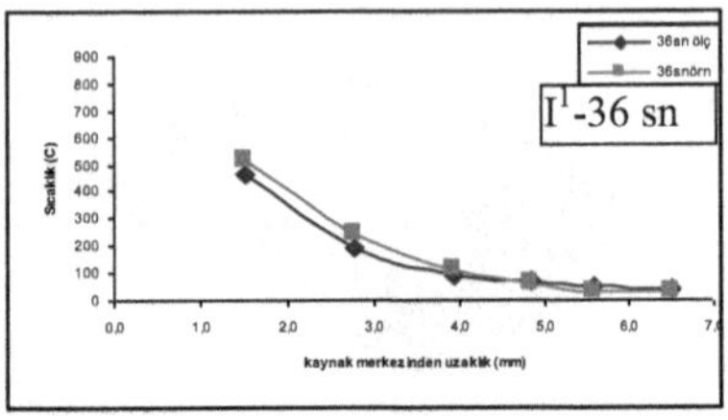

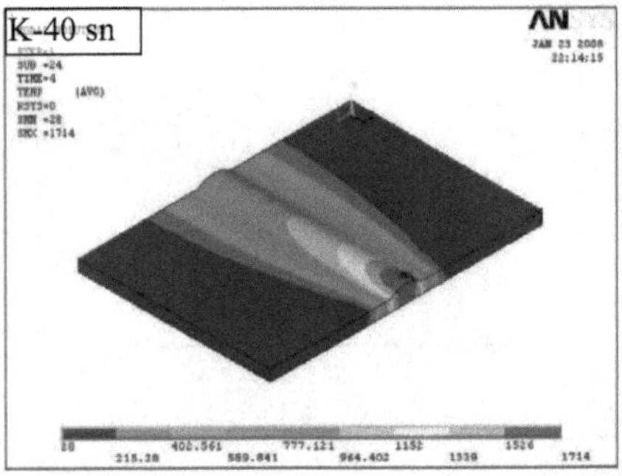

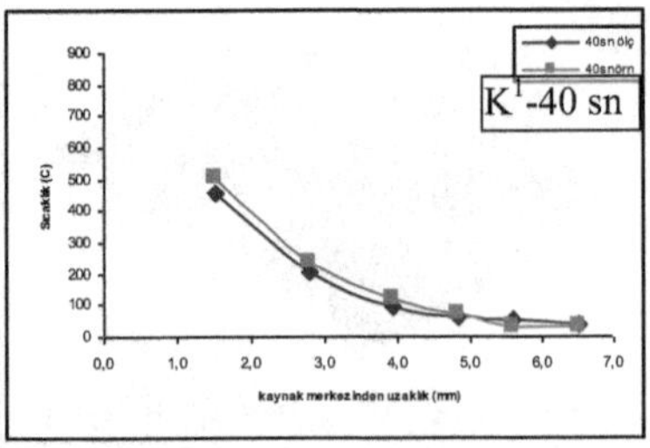

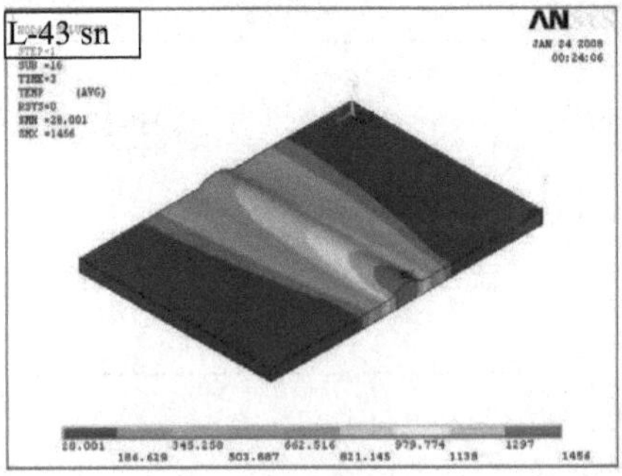

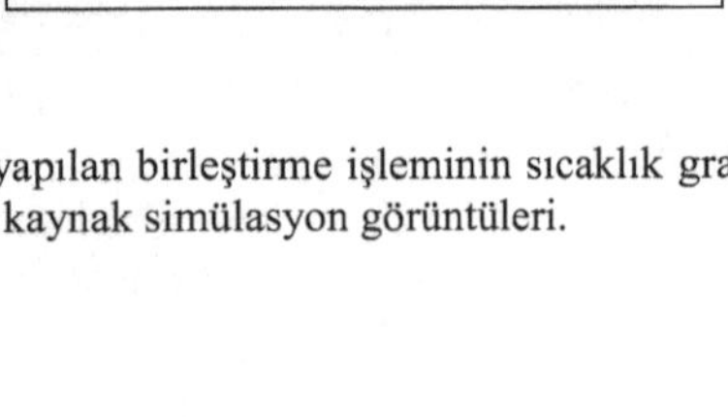

Şekil 7.6. (Devam) 15 cm/dk kaynak hızında yapılan birleştirme işleminin sıcaklık grafikleri ve ANSYS programında oluşturulan kaynak simülasyon görüntüleri.

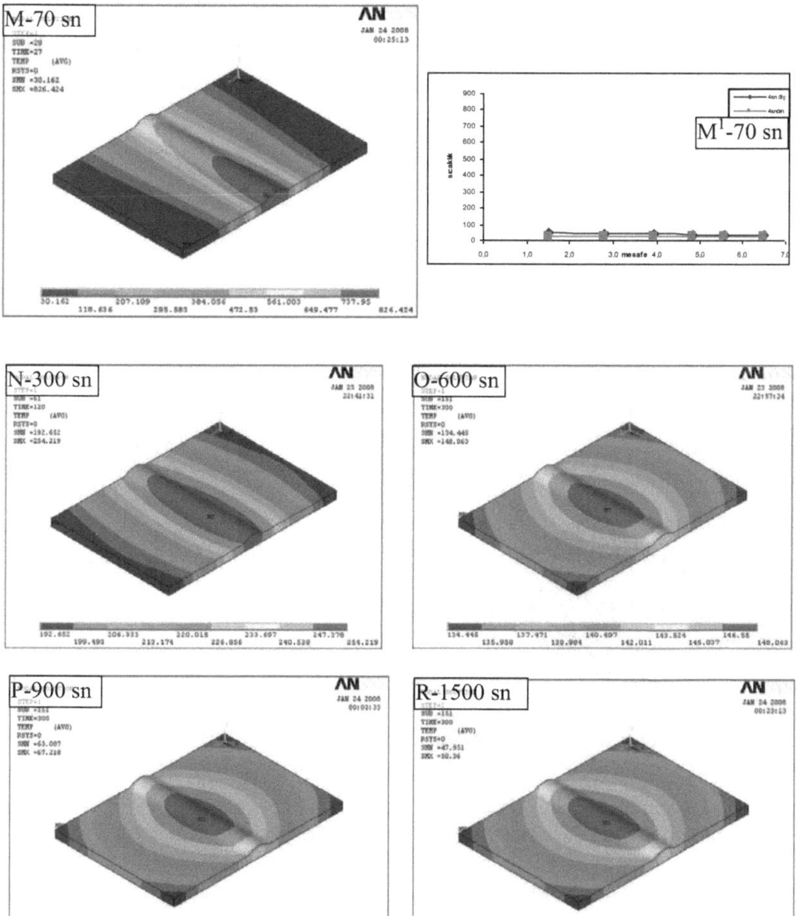

Şekil 7.6. (Devam) 15 cm/dk kaynak hızında yapılan birleştirme işleminin sıcaklık grafikleri ve ANSYS programında oluşturulan kaynak simülasyon görüntüleri.

Şekil 7.6'de verilen 15 cm/dk kaynak hızında yapılan kaynak işleminin kaynak süresi, Şekil 7.4'deki 30 cm/dk ve Şekil 7.5'deki 20 cm/dk hızlarda yapılan kaynak işlemlerine göre daha uzun olmuştur. Kaynak süresinin uzun olduğu bu işlemde ısı girdisi de daha fazla olmuştur. Şekil 7.6 h^1'deki grafik incelendiğinde kaynak merkezinden 15 mm mesafedeki sıcaklığın yaklaşık 630 °C olduğu görülmektedir. Isı girdisi ısı dağılımını etkilediği gibi kaynak metali soğumasına da önemli oranda etki etmektedir. Bu bölümde elde edilen sıcaklık değerleri, mikroyapı sonuçlarını da desteklemekte ve ısı girdisinin fazla olduğu numunelerde kaynak metali tanelerinin irileştiği ve ITAB ın genişlediğini doğrulamaktadır. Benzer şekilde sertlik değerlerinin azalması veya artması soğuma süresi ile orantılı olarak değişiklikler sergilemektedir.

7.5.4. 10 cm/dk hızda yapılan kaynak işlemine ait sonlu elemanlar sonuçları ve ana malzeme sıcaklık grafikleri

Şekil 7.7'de 10 cm/dk hızda yapılan kaynak işleminde ana malzeme üzerinden ölçülen zamana bağlı sıcaklık grafikleri, sonlu elemanlar modellemesi ve model üzerinden alınan sıcaklık grafikleri verilmektedir.

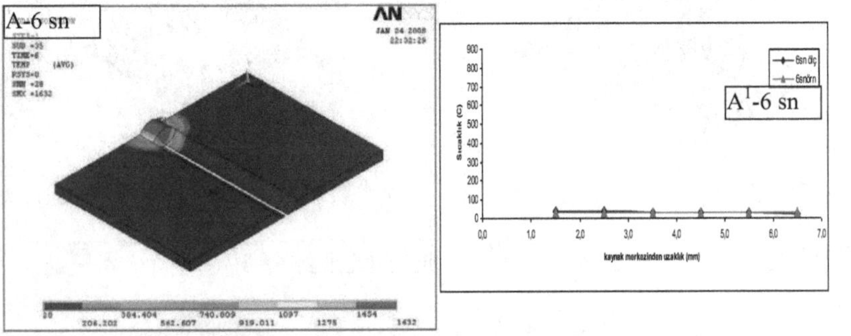

Şekil 7.7. 10 cm/dk hızda yapılan kaynak işleminin sıcaklık grafikleri ve ANSYS programında oluşturulan kaynak simülasyon görüntüleri.

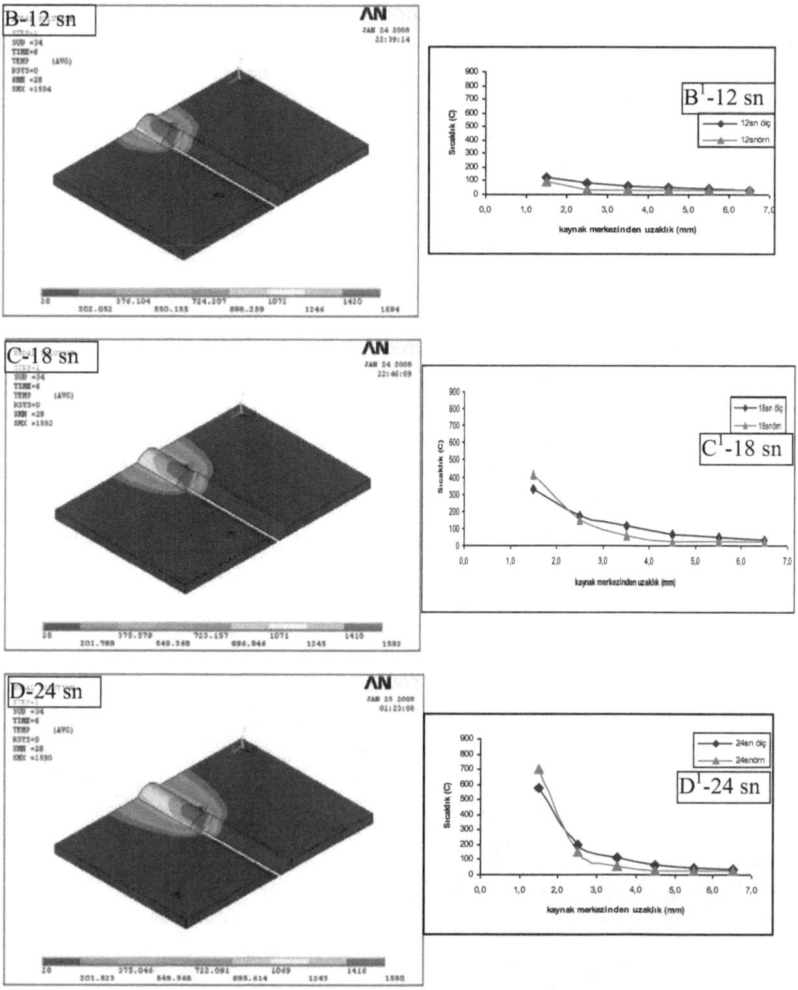

Şekil 7.7. (Devam) 10 cm/dk hızda yapılan kaynak işleminin sıcaklık grafikleri ve ANSYS programında oluşturulan kaynak simülasyon görüntüleri.

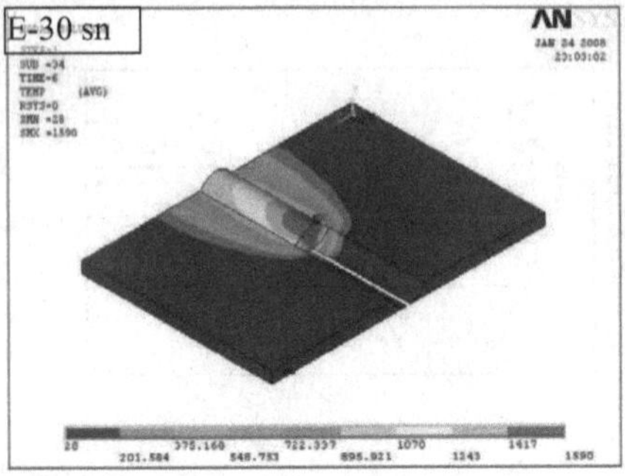

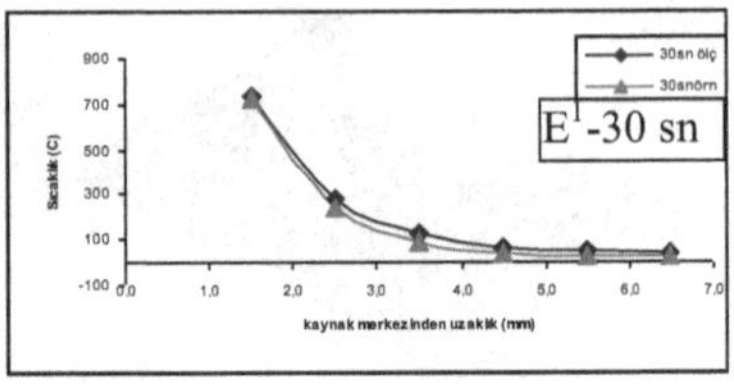

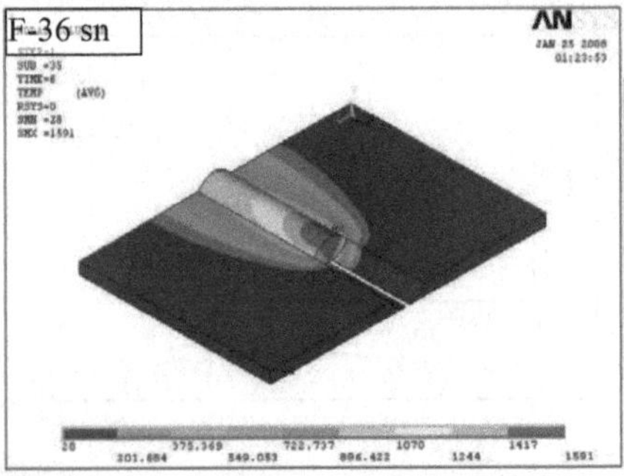

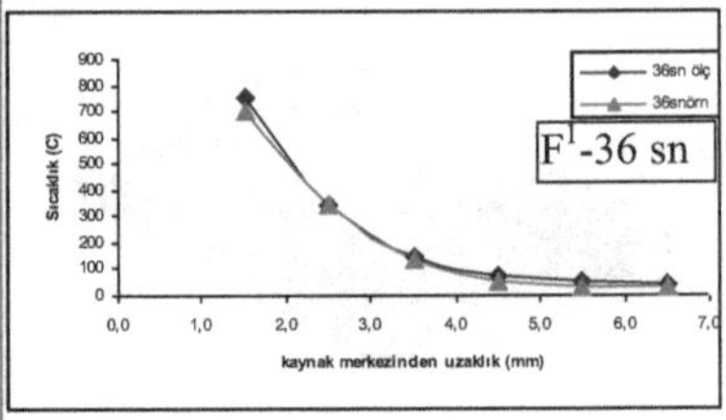

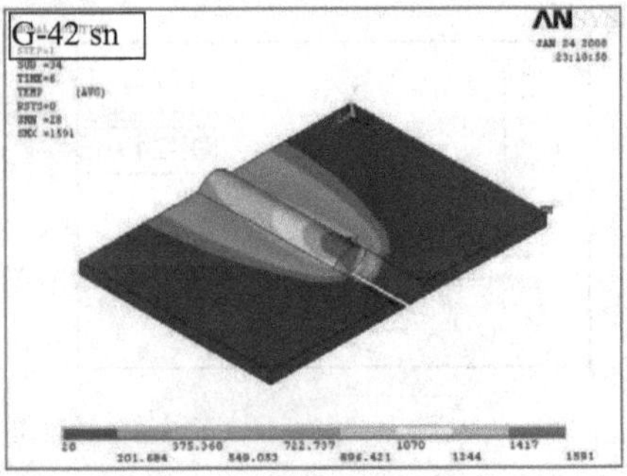

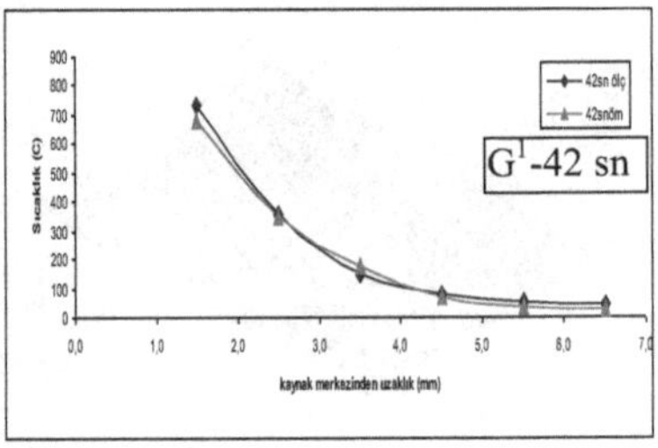

Şekil 7.7. (Devam) 10 cm/dk hızda yapılan kaynak işleminin sıcaklık grafikleri ve ANSYS programında oluşturulan kaynak simülasyon görüntüleri.

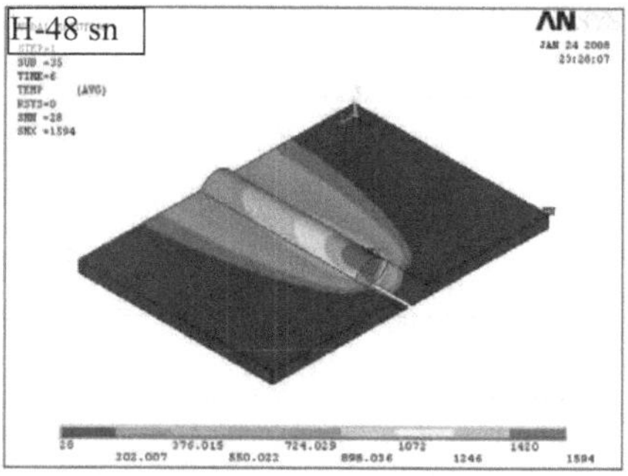

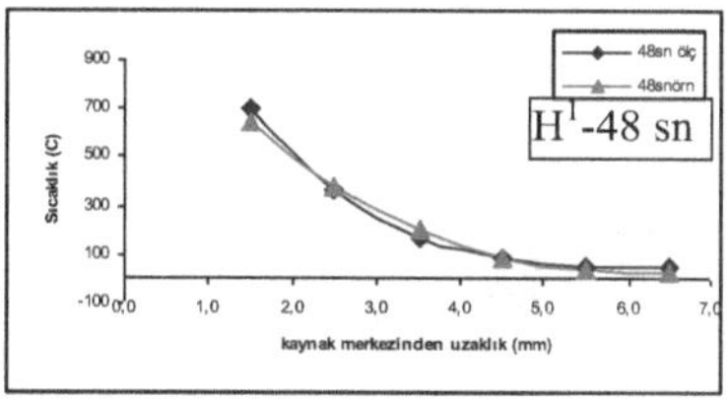

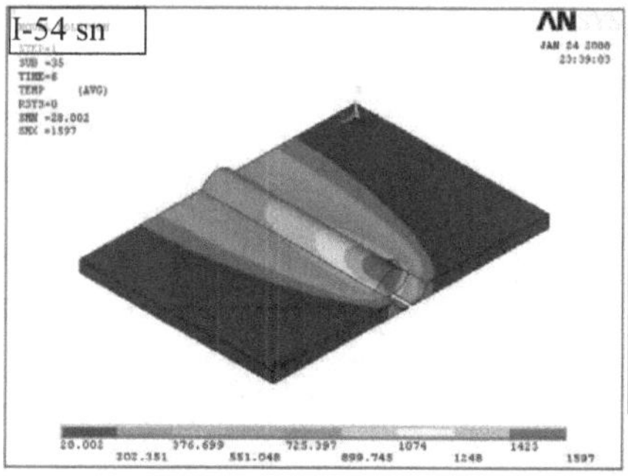

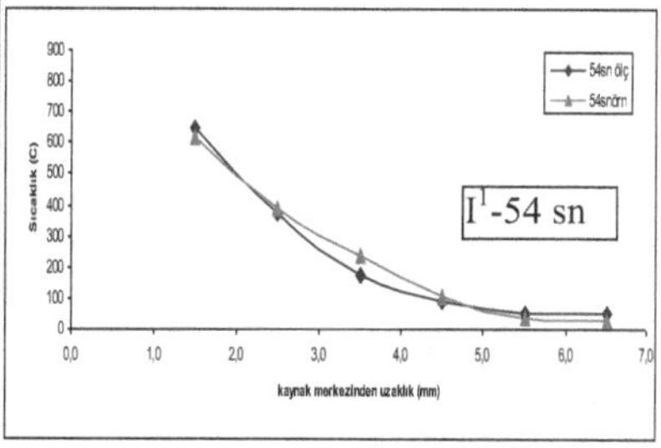

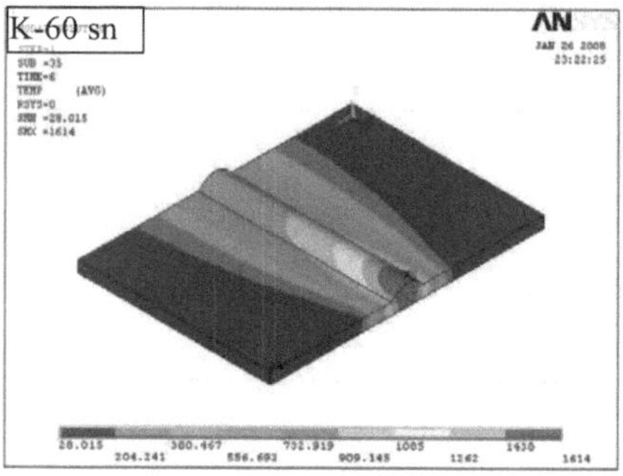

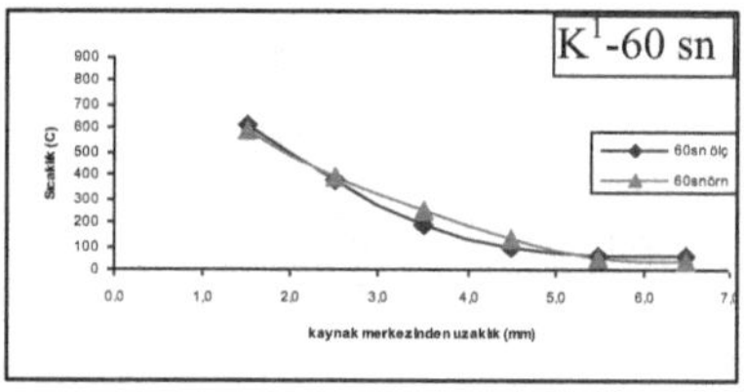

Şekil 7.7. (Devam) 10 cm/dk hızda yapılan kaynak işleminin sıcaklık grafikleri ve ANSYS programında oluşturulan kaynak simülasyon görüntüleri.

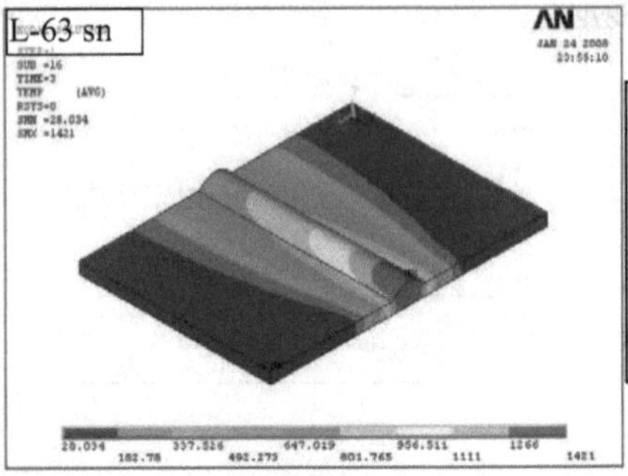

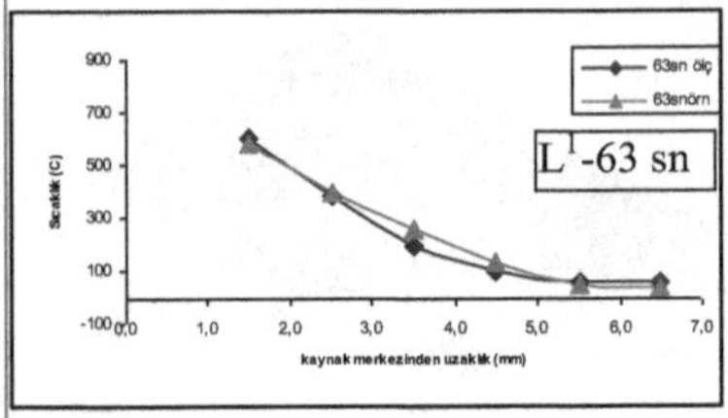

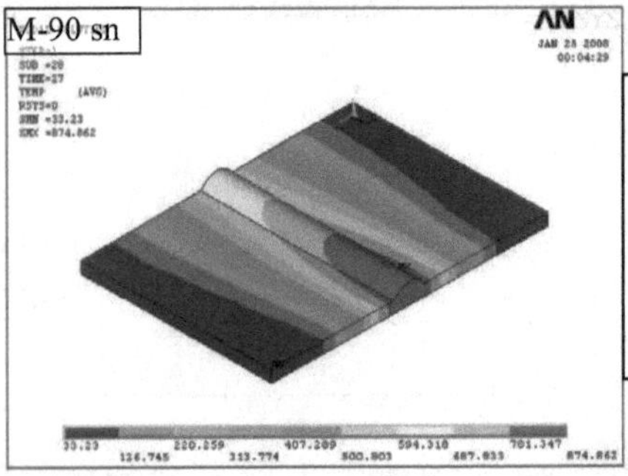

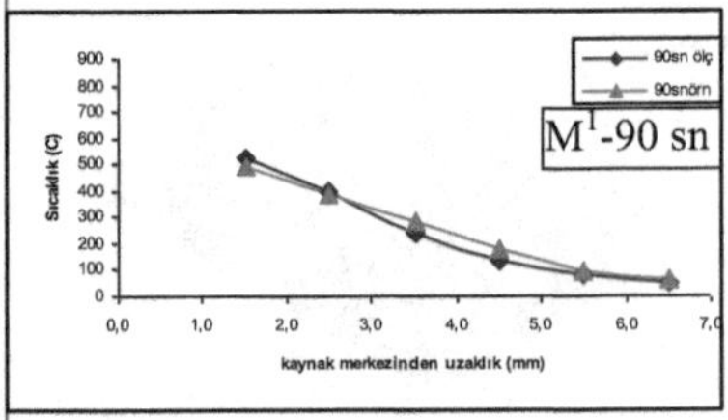

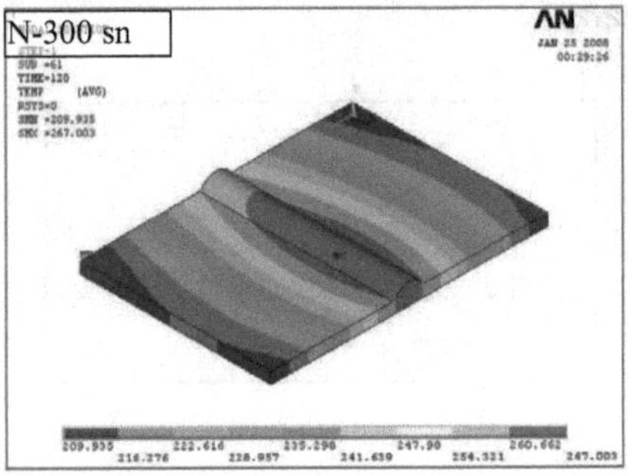

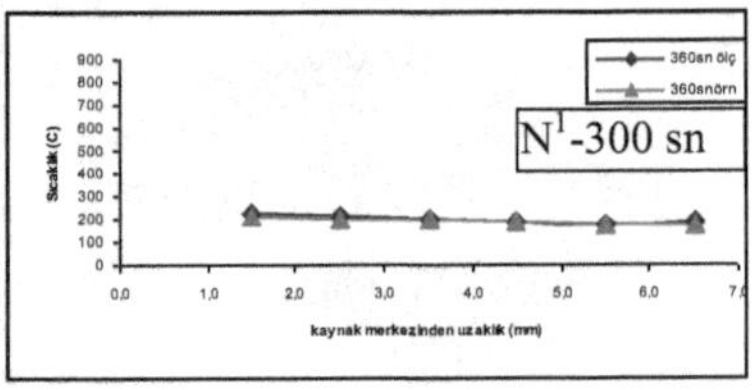

Şekil 7.7. (Devam) 10 cm/dk hızda yapılan kaynak işleminin sıcaklık grafikleri ve ANSYS programında oluşturulan kaynak simülasyon görüntüleri.

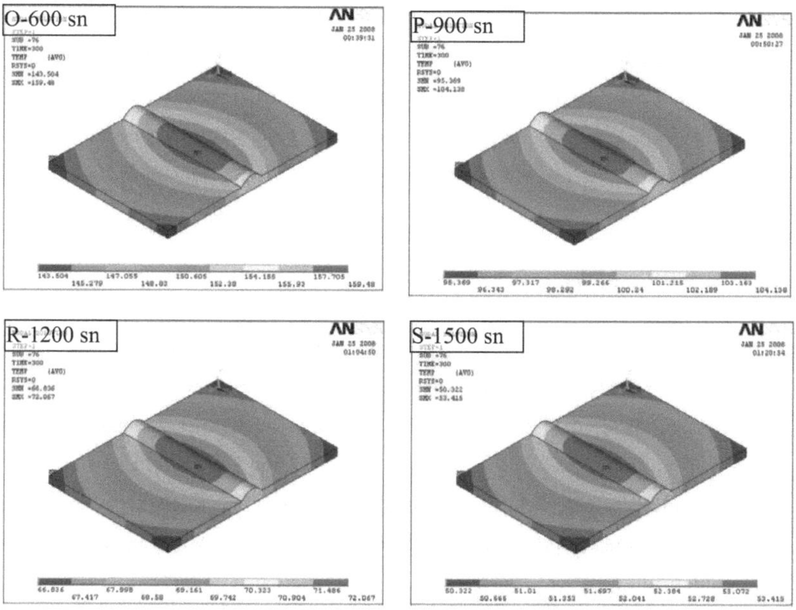

Şekil 7.7. (Devam) 10 cm/dk hızda yapılan kaynak işleminin sıcaklık grafikleri ve ANSYS programında oluşturulan kaynak simülasyon görüntüleri.

Şekil 7.7'da verilen 10 cm/dk kaynak hızında yapılan kaynak işleminin kaynak süresi, Şekil 7.4'deki 30 cm/dk, Şekil 7.5'deki 20 cm/dk ve Şekil 7.6'deki 15 cm/dk hızlarda yapılan kaynak işlemlerine göre daha uzun olmuştur. Isı kaynağının ölçüm noktası olan kaynak merkezinden 15 mm ve kaynağın başladığı noktadan 30 mm mesafelik alana en yakın olduğu zaman ısınma grafiğinde ani bir yükseliş olmuş (Şekil 7.7 d^1) ve bu yükselme kısa bir süre daha devam etmiş (Şekil 7.7 e^1) ve daha sonra ısı iletimi nedeni ile soğuma periyoduna girmiştir. Oldukça uzun olan bu kaynak zamanında kaynak merkezinden 15 mm uzaklıktaki mesafeden ölçülen en yüksek sıcaklık değeri yaklaşık yaklaşık 800 ^oC olduğu Şekil 7.7 e^1, f^1, g^1, h^1'de verilen grafiklerden anlaşılmaktadır. Kaynak merkezinden en uzak mesafeden ölçülen en yüksek sıcaklık değerinde ise yaklaşık 180 ^oC olmuştur.

Kaynak hızına bağlı olarak yapılan deneysel çalışmalara uygun olarak yapılan ANSYS modelleme ve çözüm sonuçları ile deneysel çalışmaların sonuçları birlikte mukayese edildiğinde; kaynak hızı arttırıldığında ısı girdisinin azaldığı dolayısıyla ısıdan etkilen bölgenin de azaldığı hem deneysel sonuçlarda hem de ANSYS çalışmalarında tespit edilmiştir. Uygulamalarda, birleştirilecek parçalarda kaynak işleminden dolayı meydana gelebilecek ısıl hareketliliği ANSYS programı ile önceden tespit etmek mümkündür. Isıl hareketliği önceden tahmin edebilmek; konstüksiyon uygulamalarındaki tasarımda muhtemel olaşabilecek hataların en aza indirilmesine, dolayısıyla hem maddi hem de zaman olarak avantajlar sağlayacaktır.

7.5. Yapısal Analiz Sonuçları ve Tartışılması

Tüm kaynaklı parçalar az ya da çok distorsiyona uğrarlar ve daima parça içerisinde kalıcı gerilmeler kalır. Kaynak işleminden sonra kalan gerilmeler parçanın emniyetine önemli ölçüde etki eder. Sistemdeki çalışma gerilmeleri ile birleşen bu kalıcı gerilmeler, gevrek kırılma ve gerilmeli korozyona sebep olurlar. Parçada kalan kalıcı gerilmeler çeşitli gerilim giderme yöntemleri ile giderilebilir. Bu sebeplerden ötürü kaynak işlemi neticesinde oluşan kalıcı gerilmelerin önceden tahmininin yapılabilmesi ve kaynak konstrüksiyonun dizaynı önem kazanmaktadır.

Bilgisayar programları ve sonlu elemanlar yöntemi yardımıyla kaynak işlemi neticesinde parçalarda oluşabilecek kalıcı gerilmeler önceden belirlenerek tasarımcılara büyük kolaylıklar sağlanır [88].

Termal analiz için seçilen SOLID 10 Node 87 elemanının yapısal analiz eşleniği SOLID187 kullanılarak ve modelin kesit yönü olan UY =0 deplasman uygulanarak yapılan yapısal analiz sonuçları bu bölümde tartışılacaktır.

Von Mises Kriterine göre hesaplanan plastik gerilim dağılımında en fazla kaynak metali bölgesinde meydana geldiği görülmüştür. Yapılan analiz neticesinde kaynak metali bölgesindeki en yüksek gerilimin ise kaynak metali ile ana metalin birleştiği noktada olduğu görülmüştür. Şekil 7.8'de kaynak metali dik eksenden ve kaynak başlangıç, orta ve bitiş noktalarından alınan gerilim değerleri grafikleri verilmektedir.

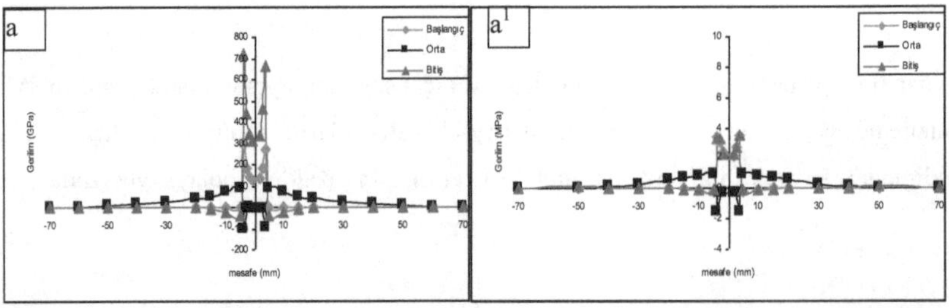

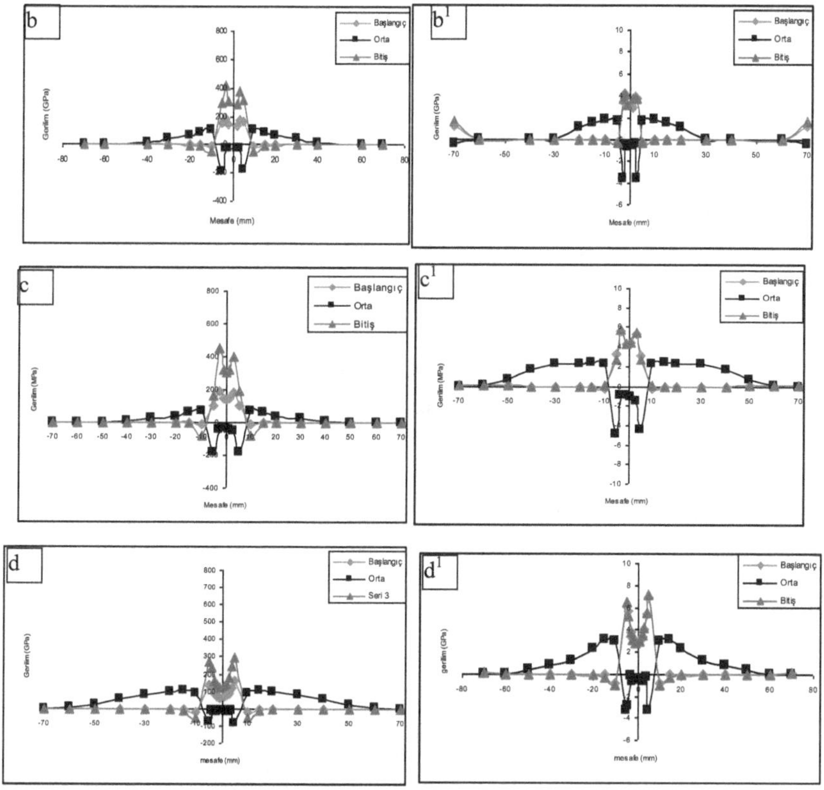

Şekil 7.8. Kaynak bölgesinden alınan gerilim grafikleri.
a, a^1- 30 cm/dk , b, b^1-20 cm/dk, c, c^1-15 cm/dk, d, d^1-10 cm/dk

Grafikler genel olarak değerlendirildiğinde; gerilimin kaynak metali bölgesinde yoğunlaştığı açıkça görülmektedir. Kaynak bittiği andaki grafiklerde (Şekil 7.8 a, b, c, d) elastik gerilmenin oldukça yüksek olduğu özellikle soğumanın henüz daha gerçekleşmediği kaynak bitiş noktasından elastik gerilimin çok yüksek değerlerde olduğu görülmektedir. Grafikler, kaynak dikişine dik olarak malzeme yüzeyinden enine nodlardan alınmıştır. Yeşil rekle temsil edilen kaynağın başlangıç noktasını, kırmız bitiş ve siyah reklerde orta noktayı temsil etmektedir. başlangış ve bitiş noktalarındaki kaynak dikişlerinde çekme kuvveti oluşurken, soğuk olan ana malzeme ve kaynak metali arasında kalan kısımda ise basma kuvveti oluştuğu görülmektedir. Kaynaklı malzemenin orta noktası ise başlangıç ve bitiş noktalarından farklı olarak daha ziyade basma kuvveti oluşmuştur. Gerilimin en yüksek olduğu nokta ise kaynak metai ile ana metalin birleşim nokasında olmuş, kayan metali merkezinde gerilim bu bölgeye göre daha düşük olmuştur. Oddy ve arkadaşlarının deneysel ve nümerik olarak yaptıkarı çalışmada; tamir amaçlı bir plakada oluşan gerilimleri inceledikleri çalışmada da benzer grafikler elde etmişlerdir [112]. Kaynak merkezi bölgesinde ısı tesiri altında kalan bölge de başlangıç ve bitişten faklı olarak çekme olmuştur. Isı girdisi arttıkça kalıcı gerilmelerin arttığı bilinmektedir[29]. Eş. 4.6 ve 4.8'de kaynak hızı ile ısı girdisi ters orantılıdır. Dolayısıyla kaynak hızı azaldığında ısı girdisi artmaktadır. Bununla birlikte ana malzemenin ısı absorbe etmesi de artmaktadır. 10 cm/dk hızda yapılan kaynak işleminde kalıcı gerilme (Şekil 7.8 d^1) 30 cm/dk hızda yapılan kaynak işlemindeki kalıcı gerilmeye (Şekil 7.8 a^1) oranla daha fazla olmuştur. Şekil 7.8 a ve d birlikte incelendiğinde; yüksek kaynak hızında yapılan kaynak işleminde, kaynak esnasında gerilimler daha yüksek olurken, Şekil 7.8 a^1 ve d^1 kaynak sonrasında düşük kaynak hızında yapılan malzemedeki kalıcı gerilim daha fazla olmuştur.

Şekil 7.9'de sonlu elemanlar yöntemi ile çözülmüş modellerin ve Şekil 7.10'da sıcaklığın neden olduğu deformasyon görüntüleri verilmektedir.

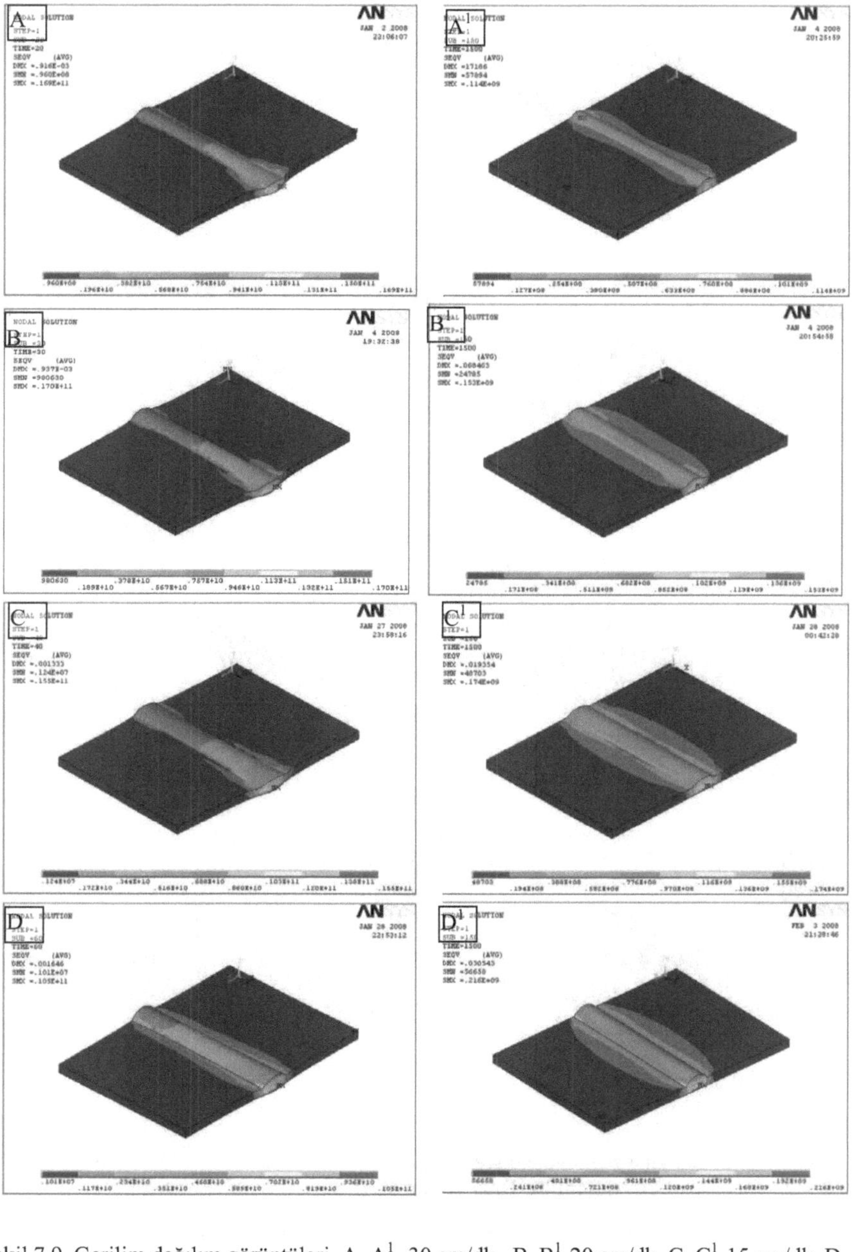

Şekil 7.9. Gerilim dağılım görüntüleri, A, A^1- 30 cm/dk , B, B^1-20 cm/dk, C, C^1-15 cm/dk, D, D^1-10 cm/dk.

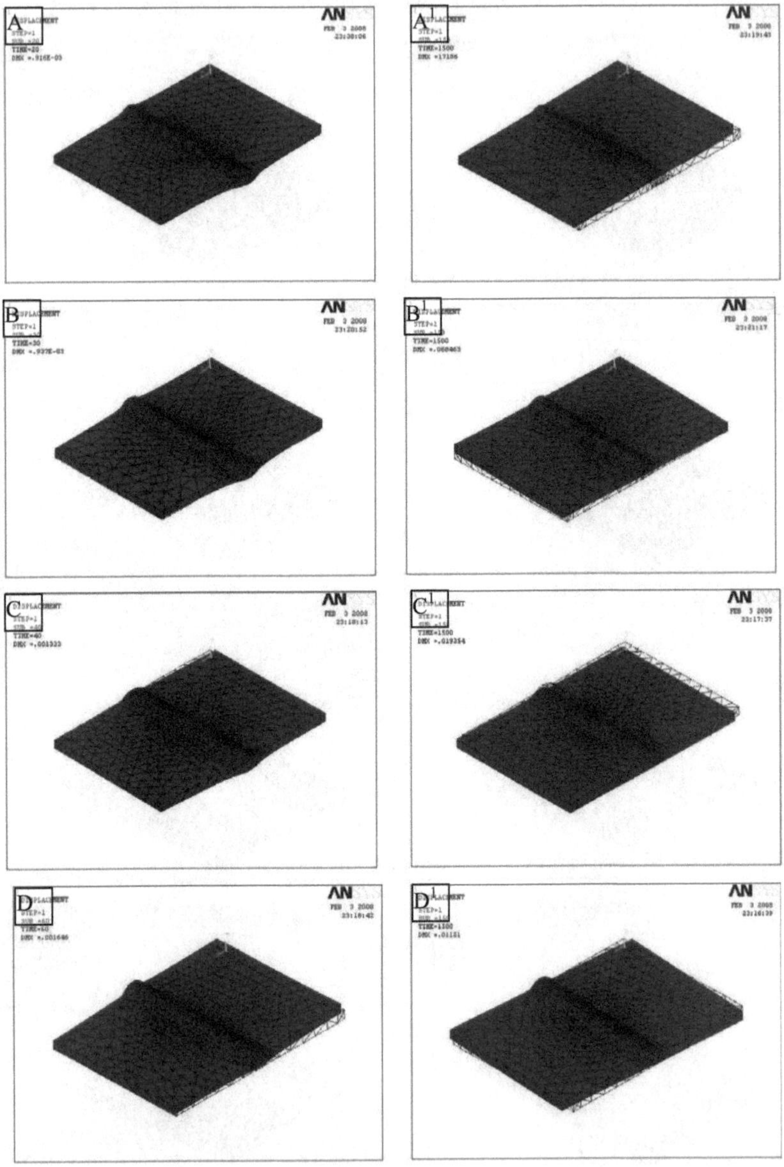

Şekil 7.10. Sıcaklığın neden olduğu şekil değişikliği görüntüleri, A, A^1- 30 cm/dk , B, B^1-20 cm/dk, C, C^1-15 cm/dk, D, D^1-10 cm/dk.

Gerilim dağılımı görüntüleri incelendiğinde kaynak işlemi esnasında elastik gerilimlerin oldukça yüksek olduğu görülmektedir (Şekil 7.9 a, b, c, d). Kaynaktan sonra malzeme yaklaşık oda sıcaklığına soğutulduğunda elastik gerilimlerin yerini kalıcı gerilimlere bıraktığı görülmektedir (Şekil 7.9 a^1, b^1, c^1, d^1). Gerilim yoğunluğunun kaynak metalinde olmasının yanı sıra kaynağın başlangıç ve bitiş noktalarındaki kaynak metali alt bölgesinde özellikle de ana malzeme ile birleşim noktasında olduğu görülmektedir. Şekil 7.9 a^1'da verilen 30 cm/dk ve Şekil 7.9 d^1' verilen 10 cm/dk kaynak hızlarındaki sonuçlar birlikte incelendiğinde kaynak hızının daha yavaş olduğunda ısıdan etkilen bölgenin de daha fazla olduğu dolayısıyla kalıcı gerilimlerinde daha fazla ve daha geniş bir alanda olduğu açıkça görülmektedir.

Sıcaklığın neden olduğu şekil değişikliklerini incelediğimizde (Şekil 7.10) en fazla şekil değişikliğinin en yavaş hız olan 10 cm/dk (Şekil 7.10 D, D^1) yapılan kaynak işleminde olduğu açıkça görülmektedir. Görüntüler incelendiğinde en fazla hız olan 30 cm/dk (Şekil 7.10 A, A^1) yapılan kaynak hızında plastik şekil değişikliği bir yönde olurken, en yavaş hız olan 10 cm/dk (Şekil 7.10 D, D^1) yapılan kaynak hızında plastik şekil değişikliği ise tüm yönlerde meydana geldiği görülmektedir.

KAYNAKLAR

1. Rosenthal, D., “Mathematical Theory of Heat Distributing During Welding and Casting”, ***Weldign Journal Research Supplement***, 220-234 (1941).

2 Goldak, J., Chakravarti, A., Bibby, M., and Leung, “A new Finite Element Model for Welding Heat Sources” ***Metallurgical Transactions***, 15: 299-305 (1984).

3. Davoud, M., S., “A Comprehensive Study of Gas Metal Arc Welding Process; Finite Element Simulation and Experimental” ***Master of Science Mechanical Engineering***, ***Oklahoma State University,*** Oklahoma-U. S. A., 100-124, 169-208 (1984).

4. Mundra, K., DebRoy, T., Babu, S. S., and David, S. A., “Weld Metal Microstructure Calculations from Fundamentals of Transport Phenomena in the Arc Welding of Low Alloy Steels”, ***Welding Journal***, 76(4): 163-171 (1997).

5. Hong, T., Pitscheneder, W., and DebRoy, T., “Quantitative Modeling of Inclusion Growth in the Weld Pool by Considering their Motion and Temperature Gyrations”, ***Science and Technology of Welding and Joining***, 3(1): 33-41 (1998).

6. Khan, P. A. A., and DebRoy, T., “Alloying Element Vaporization and Weld Pool Temperature During Laser Welding of AISI 202 Stainless Steel”, ***Metallurgical Transactions,*** B, 15: 641-644 (1984).

7. Mundra, K., Blackburn, J., M. and DebRoy, T., “Absorption and Transport of Hydrogen during GMA Welding of Mild Steels”, ***Science and Technology of Welding and Joining***, 2(4): 174-184 (1997).

8. Palmer, T. A., and DebRoy, T., “Enhanced Dissolution of Nitrogen during GTA Welding of Steels”, ***Science and Technology of Welding and Joining***, 3(4): 190-203 (1998).

9. Malinowski-Brodnicka, M., denQuden, G. and Vink, W. J. P., ***Welding Journal***, 69: 52 (1990).

10. Choo, R. T. C. and Szekely, J., “The Possible Role of Turbulence in GTA Weld Pool Behavior”, ***Welding journal***, 73: 25 (1994).

11. Hong, K., Weckman, D. C. and Stong, A. B., "Trends in Welding Research", ed. By Smartt, H. B., Johnson, J. A. and David, S. A., ***ASTM International,*** Materials Park OH, 399 (1996).

12. David, A. S. and Babu, S. S., "In Mathematical Modelling of Weld Phenomena 3" ed. by Cerjak, H. and Bhadeshia H. K. D. H., ***Institute of Materials***, 151 (1977).

13. Bhadeshia H. K. D. H and Svensson, L. E. "In Mathematical Modelling of Weld Phenomena" ed. by Cerjak, H. and. Easterling, K. E., ***Institute of Materials***, 109 (1993).

14. Bhadeshia H. K. D. H. "In Recent Trends in Welding Science end Technology" ed. by David, S. A. and Vitek, J. M., ***ASTM International,*** Materials Park OH, 189 (1990).

15. Bhadeshia H. K. D. H., Svensson, L. E. and Gretoft, B., "A Model for the Devel-Opment of Microstructure in Low - A L L Oy Steel(Fe-Mn-Si-C) Weld Deposits" ***Acta Metallurgica***, 33: 1271-1283 (1985).

16. Ashby, M. F. and Easterling, K. E., "A First Report on Diagrams for Grain Growth in Welds".***Acta Metallurgica***, 30: 1969-1978 (1982).

17. Ion, J. C., Easterling, K. E. and Ashby, M. F,. "A Second Report on Diagrams of Mi-Crostructure And Hardness for Heat-Affected Zones in Welds", ***Acta Metallurgica***, 32: 1949 (1984).

18. Watt, D. F., Coon, L., Bibby, M., Goldak, J., and Henwood, C., "An Algorithm for Modelling Microstructural Development in Weld Heat-Affected Zones (Part A) Reaction Kinetics"***Acta Metallurgica,*** 36(11): 3029-3035 (1988).

19. Coon, L. and Watt, D. F.,"In Computer Modeling of Fabrication Processes and Constitutive Behaviour of Materials", ed.by Too, J., ***CANMET***, Ottawa, 467-472 (1987)

20. Burke J. E. and Turnbull, D., "Recrystallization and Grain Growth" ***Prog. Met. Phys***., 3: 220-225 (1952).

21. Gao, J. and Thompson, G., "Real Time-Temperature Models For Monte Carlo Simulations of Normal Grain Growth" ***Acta Metallurgica***, 44: 4565-4570 (1996).

22. Gao, J., Thompson, G. and Cao, Y., "Trends in Welding Research",.ed. by Smartt, H.B.,Johnson, J.A. and David,S.A., ***ASM InternationaL***, Materials Park.OH 199-204 (1996).

23. Radhakrishnan, B., and Zacharia, T., "Simulation of Curvature-Driven Grain Growth by using a Modified Monte Carlo Algorithm," ***Metallurgical and Materials Transactions***, 26A: 167-180 (1995).

24. Wilson, A., Martukannitz, R. P. and Howell, P., ed. by Vitek, J. M., David, S. A., Johnson, J. A., Smart, H. B. and DebRoy, T., ***5. International Conference*** On ***Trends in Welding Research***, Pine Mountain, GA, 161 (1998).

25. Davoud., M. S., "A Comprehensive Study of Gas Metal Arc Welding Process: Finite Element Simulations and Experiments", ***Mechanical Engineering Department College of Engineering***, University of Sounth Carolina,18-28 (1999).

26. Mocanita, M., A., "Computational Mechanics of Welding Complex Stuctures", ***Ottawa-Carleton Institute for Mechanical and Aerospace Engineering***, Master of Science, Canada, 10-17, 38-63 (2000).

27. Birgül, Z., "Dynamic Modeling of Gas Metal Arc Welding Process", ***Faculty of Graduate Scool of Vanderbilt University***, Doctor of Philosopy, United States, 123-128, 131-156, 189-240 (2000).

28. Guo, H., "Mathematical Modeling and Experimental Validation of Gas Metal Arc Welding of Aluminum Alloys", ***Faculty of Graduate Scool of the University of Missouri***, Doctor of Philosopy, United States, 4-6, 10-11, 106-107 (2004).

29. Awang, M, "The Effects of Process Parameters on Steel Welding Response in Curved Plates", ***Collage of Engineering and Mineral Resources at West Virginia University***, Master of Science, U. S. A., 10-21, 80-83 (2002).

30. Agelaridou, A., "Thermal and Solidification Modeling of Welding: A Desing Tool Approach", ***Mechanical Engineering of the Tufts University***, Doctor of Philosopy, United States, 7-13, 50-83, 107-111, 150-152 (2002).

31. Zhu, F., "A Comprehensive Dynamic Model of The Gas Metal Arc Welding Process", ***Faculty of Graduate School of the University of Missouri***, Doctor of Philosophy, Unites States,119-120 (2003).

32. Ericsson, M, "Simulation of Robotic TIG-welding" ***Department of Technology University of Trollhättan***, Sweden, 17-31, 33-37(2003).

33 Dong, Z., Wei, Y., Xu, Y,, "Predicting Weld Solidification Cracks in Multipass Welds Of SUS310 Stainless Steel" ***Computational Materials,*** 38(2):459-466 (2006).

34 Dong, Z., Wei, Y., "Three Dimensional Modeling Weld Solidification Cracks İn Multipass Welding" ***Theoretical and Applied Fracture Mechanics***, 46: 156–165 (2006).

35 YHWei, Z. B., Dong, R. P., Liu and Z J Dong, "Three-Dimensional Numerical Simulation Of Weld Solidification Cracking", ***Instıtute Of Physıcs Publıshıng*** Modelling Simul. Mater. Sci. Eng. 13: 437–454 (2005).

36 Reynolds, A.P., Tang, W., Gnaupel-Herold, T., Prask, H., "Structure, Properties, and Residual Stress Of 304L Stainless Steel Friction Stir Welds***", Scripta Materialia,*** 48(9): 1289-1294 (2003).

37. Wahab, M.A., Painter, M. J., Davies, M. H., "The Prediction of The Temperature Distribution And Weld Pool Geometry İn The Gas Metal Arc Welding Process", ***Journal of Materials Processing Technology***, 77: 233–239 (1998).

38. Kim, I.S., Basu, A., "A Mathematical Model Of Heat Transfer And Fluid Low İn The Gas Metal Arc Welding Process" ***Journal of Materials Processing Technology,*** 77: 17–24 (1998)

39. Santos, I.O., Zhang, W., Gonc, V.M., Alves, N. Bay, P.A.F. Martins, "Weld Bonding Of Stainless Steel" ***International Journal of Machine Tools & Manufacture***, 44: 1431–1439 (2004).

40. Toyoda, M., Mochizuki, M., "Control Of Mechanical Properties İn Structural Steel Welds By Numerical Simulation Of Coupling Among Temperature, Microstructure, And Macro-Mechanics", ***Science and Technology of Advanced Materials***, 5(1-2): 255-266 (2004).

41 A. Skyttebol, B.L. Josefson, J.W. Ringsberg, "Fatigue Crack Growth İn A Welded Rail Under The İnfluence of Residual Stresses" ***Engineering Fracture Mechanics***, 72(2): 271-285 (2005).

42. Cho, J.R., Lee, B.Y., Moon, Y.H., Van Tyne, C.J., "Investigation of Residual Stress and Post Weld Heat Treatment Of Multi-Pass Welds By Finite Element Method and Experiments" ***Journal of Materials Processing Technology,***155-156: 1690-1695 (2004).

43. Chang, P.-H., Teng, T.-L., "Numerical and Experimental Investigations on The Residual Stresses of The Butt-Welded Joints" ***Computational Materials Science*** 29(4): 511-522 (2004)

44. Akbari Mousavi, A.A., Al-Hassani, S.T.S., "Numerical and Experimental Studies of The Mechanism of The Wavy Interface Formations in Explosive/İmpact Welding" ***Journal of the Mechanics and Physics of Solids***, 53(11): 2501-2528 (2005).

45. Dye, D., Hunzıker, O., and Reed, R. C., "Numerıcal Analysıs of The Weldabılıty of Superalloys" ***Acta Mater***. 49: 683–697(2001).

46. Wen, S. W, Hılton P. and Farrugıa, D.C.J. Finite element Modelling of a Submerged Arc Welding Process. ***Journal of Materials Processing Technology***, 119: 203-209 (2001).

47. Tsırkas, S.A., Apanıkos P. and Kermanıdıs, T., "Numerical Simulation of the aser Welding Process in Buttjoint, Specimens", ***Journal of Materials Processing Technology,*** 6403: 1–11 (2002).

48. Çam, G., Erim, S. Yeni, Ç. and Koçak, M. D"etermination of Mechanical and Fracture Properties of Beam Welded Steel Joints", ***Welding Joural Research Supplement***, 193-201 (1999)

49. Zhu, X.K. and Chao Y.J., Effects of Temperature-Dependent Material Properties on Welding Simulation", ***Computers and Structures***, 80: 967–976 (2002).

50. Wu, .A. Syngellakıs, S. and Mellor. B.G., "Finite Element Analysis of Residual Stresses in a Butt Weld", ***In, University of Southampton School of Engineering Sciences Postgraduate Conference, Southampton***, UK,, 8-37 (2001)

51. Meo, M. and Vıgnjevıc, R. "Welding Simulation Using FEA", ***The World Engineering Congress&Exhibition***, Malaysia, 99: 59-64 (1999).

52. Jang, G.B., Kım, H.K. and Kang S.S. "The Effects of Root Opening on Mechanical Properties, Deformation and Residual Stres of Weldments". ***Welding Journal Research Supplement***., 80–89 (2001).

53. Zhang, J, Dong P, Brust F.W, Shack W.J., "Mayfıeld M.E. and Mcneıl M. Modelling of Weld Residual Stresses in Core Shroud Structures" ***Nuclear Engineering and Design***, 195: 171–187 (2000).

54. Teng, T.L. and Lın C.C. "Effect of Welding Conditiond an Residual Stresses due to Butt Welds." ***International Journal of Pressure Vessels and Piping***, 75: 857-864 (1998).

55. Gunaraj, V. and Murugan, N. "Prediction of Heat –Affected Zone Characteristics in Submerged Arc Welding of Structural steel Pipes". ***Welding Journal Research*** 94-102 (2002).

56. Kuo, H.C. and L.J. W. "Prediction of Heat-affected Zone using Grey Teory" ***Journal of Materials Processing Technology***, 120: 151–168 (2002)

57 The James F. Lincoln, "Principle of Industrial Welding", ***Arc Welding Foundation*** Cleveland, 22-37 (1978).

58. Davices, A. C., "The Science and Practice of Welding", ***Cambridge University Pres***, New York, 2: 10 -19(1993).

59. Minnick, W. H., "Gas Metal Arc Welding Handbook", ***Goodheart-Willcox Co Inc.,U.S***., 50-77 (1991).

60. American Welding Society, ***Welding Handbook,*** Miami, 3: 87-95 (1987).

61.Ready, J. F., "Lasers in Modern Industry", ***Society of Manufacturing Engineers***, Dearborn, 151-166 (1979).

62. Kenyon, W., "Basic Welding and Fabrication" ***Longman Publishing Group Singapore***,190-210 (1987).

63. Zacharia, T. and David, S. A., "Heat and Fluid in Welding, Mathematical Modelling of Weld Phenomena", ***Cambridge Univerity Pres***, 3-23 (1993).

64. Kou, S. and Wang, Y. H. "Weld Pool Convection and Its Efeect", ***Welding Journal Research Supplement***, 63-70 (1985).

65. Castro, R., and De Cadenet, J. J., "Welding Metallurgy of Stainless and Heat-Resisting Steels", ***Cambridge University Pres***, 89-94 (1975).

66. Harvey, Philip, D., Engineering Properties of Steel, ***American Society for Metals***, Ohio, 33-41 (1982).

67. Peckner, D. and Bernstein, I. M., ***Handbook of Stainless Steels***, New York, 25-37 (1977).

68. Porter, D. A. and Easterling, K. E., Phase Transformation in Metals and Alloys, ***Chapman and Hall,*** London, 400-430 (1992).

69. Sulata, N., Takalo, T. and Moisio, T., "The Relationship Between Solidification and Microstructure in Austenitic and Austenitic-Ferritic Stainless Steel Welds." ***Metallurgical Transactions***, 512-514 (1979).

70. Suutala, N. "Effect of Solidification Conditions on the Solidification Mode in Austenitic Stainless Steel", ***Metallurgical Transactions***, 14: 191-197 (1983).

71. Ando, T., "A Review of Dendritic Growth Models and Their Applications", ***Department Mechanical, Industrial and Manufacturing Engineering, Northeastern University***, Boston, 87-95 (2001).

72. David, S. A. and Vitek, J. M. "Analysis of Weld Metal Solidification and Microstructures. Mathematical Modeling of Weld Phenomena", ***The Institute of Materials***, 41-59 (1993).

73. Wiesman, C., American Welding Society, ***Welding Handbook: Fundamentals of Welding***, 91-105 (1976).

74. Kahraman, N., Gülenç, B., ve Akça, H, "Ark Kaynak Yöntemi İle Birleştirilen Östenitik Paslanmaz Çelik ile Düşük Karbonlu Çeliğin Mekanik Özelliklerinin İncelenmesi", ***Gazi Üniversitesi Mühendislik. Mimarlık. Fakültesi Dergisi*** 17: 75-85 (2002).

75. Carslaw, H. S. and Jaeger, J. C., "Conduction of Heat in Solid," ***Oxford University Press, USA; 2 edition***,15-75 (1959).

76. Kim, I.S., Basu, A., "A mathematical model of heat transfer and fluid flow in the gas metal arc welding process", ***Journal of Materials Processing Technology***, 77: 17–24 (1998).

77. Adams, C. M. "Cooling Rates and Peak Temperatures in Fusion Welding", ***Welding Journal Research Supplement***, 210-215 (1958).

78. CHristensen, N., Davies, V. And Gjermundsen, K. "Distribution of Temperatures in Arc Welding, ***British Welding Journal***, 54-75 (1985).

79. Eagar, T. W. and Tsai, N. S. "Temperature Fields Produced by Traveling Distributed Heat Sources" ***Welding Journal Research Supplement***, 346-355 (1983).

80. Grosh, R. J. and Trabant, E. A. "Arc Welding Temperature", ***Welding Journal Research Supplement***, 396-400 (1956).

81. Lewis, R. W., Morgan, K. and Thomas, H. R., Seetharamu, K., "The Finite Element Method in Heat Transfer Analysis", ***Chichester***, 65-83(1996).

82. Desai, C. S. andA bel, J. F. "Introduction to the Finite Element Method: A Numerical Method for Engineering Analysis" ***Van Nostrand Reinhold Company***, 101-123 (1972).

83. Rao, S. S., "Finite Element Meton in Engineering", ***Pergamon Pres***, Oxford, 3-6, 89-105, 412-504 (1982)

84. Moaveni, S., "Finite Element Analysis-Theory and Application with Ansys" ***Pearson Education Inc.***, New Jersey, 10-12, 100-140 (2003).

85. Topçu, M., Taşgetiren, S., Mühendisler İçin Sonlu Elemanlar Metodu, ***Pamukkale Üniversitesi Mühendislik Fakültesi Matbası Denizli***, Ders Kitapları Yayın No: 007, Isbn 975-6992-03-04, 1-14 (1998).

86. Grong, O., Metallurgical Modeling of Welding, ***The Institute of Materials*** **2nd Edition**,1-30 (1997)

87. Benli, S., "Kaynaklı Parçalarda Oluşan Artık Gerilmelerin İncelenmesi" ***Dokuz Eylül Üniversitesi, Fen Bilimleri Enstitüsü,*** Yüksek Lisans Tezi, 22-28 (2004).

88. Release 10.0 Documentation for ANSYS, ***ANSYS, Inc.***, U.S.A. (2005).

89. Li, Y., Lin, Z., Chen, G., Wang, Y., and Xi, S., "Study on moving GTA weld pool in an externally applied longitudinal magnetic field with experimental and finite element methods", ***Institute Of Physics Publishing Modelling And Simulation In Materials Science And Engineering***, 781-798 (2002).

90. Doeblin, E. O., "Measurement Systems Application and Design", ***New York, McGraw-Hill***, 540-544 (1975).

91. Bicknell, A., "Infrared sensor for top face monitoring of weld pools", ***Measurement Science & Technology,*** 5: 371-378 (1994).

92. Chin, B. A., Madsen, N. H., and Goodling, J. S., "Infrared thermography for sensing the arc welding process", ***Welding Journal,*** 62: 227-234 (1983).

93. Lukens, W. E., and Morris, R. A., "Infrared temperature sensing of cooling rates for arc welding control", ***Welding Journal,*** 61(1): 27-33 (1982).

94. Green, D. R., and Hassberger, J. A., "Infrared Electro-Thermal Examination of Stainless Steel", ***Materials Evaluation***,35(3): 39-43 (1977).

95. Banerjee, P., "Infrared sensing for on-line weld geometry monitoring and control", ***Journal of Engineering for Industry***, 117: 323-330.(1995).

96. "Manual on the use of Thermocouples in Temperature Measurement", ***ASTM Special Technical Publication*** 470B: 1-5 (1981)

97. Farson, D., Richardson, R. and Li, X., "Infrared Measurement of Base Metal Temperature in Gas Tungsten Arc Welding", ***Welding Journal***, 77(9): 396-401 (1998).

98. DeWitt, D.P., and Nutter, G.D., "Theory and Practice of Radiation Thermometry", ***J. Wiley & Sons, Inc.***1-30 (1988).

99. Kraus, H.G., "Experimental Measurement of Stationary SS 304, SS 316L and 8630 GTA Weld Pool Surface Temperatures", ***Welding Journal***, 68(7): 269-279 (1989).

100. G.R. Peacock, "Thermal Imaging of Liquid Steel and Slag in a Pouring Stream", Proc. Of SPIE Vol 4020, ***Thermosense XX22***, 50-60 (2000).

101. Jones, P.D. and Nisipeanu, E., "Spectral-Directional Emittance of Thermally Oxidized 316 Stainless Steel", ***Int. Journal of Thermophysics***, 17: 967-978 (1996).

102. Henrikson, P. and Ericsson, M., "Non-contact temperature measurements using an infrared camera in aerospace welding applications" In Proceedings of the Trends in Welding Research: ***Proceedings of the 6th International Conference***, 930-936 (2002).

103. Richter, F., "Die Wichtigsten Physicalischen Eigenschaften von 52 Eisenwerkstoffen", ***Sonderberiche, Haeft*** 8, 141-155 (1973).

104. Kim, C. S., "Thermophysical Properties os Stainless Steel", ***Argonne National Laboratory Report***, 1-27 (1975).

105. Miettinen, J., "Calculation of Thermophysical Properties for Special Stainless Steels", ***Laboratory of Metallurgy, Helsinki University of Technology,*** 1-13 (1995).

106. Agelaridou, A., "Thermal and Solidification Modeling of Welding : A Desing Tool Approach", ***Tufts university-Doctor of Philosophy in Mechanical Engineering,***10-13, 50-75 (2002).

107. Kahraman, N., Durgutlu, A., Gülenç, B., "316 L Paslanmaz Çeliğin TIG Kaynağında Koruyucu Argon Gazına Hidrojen İlavesinin Kaynak Bölgesi Tane Morfolojisine Etkilerinin Araştırılması", ***Gazi Üniversitesi Mühendislik. Mimarlık. Fakültesi Dergisi***, 7(3): 223-228 (2004).

107. Yükler, A. İ., "Kaynak Metali", ***Marmara Üniversitesi Matbaası***, İstanbul, 15-20 (1995)

109. Chandel, R. S., Bala, S. R., "Cooling Time and Features of Submerged Arc Weld Beads" ***Welding Journal***, 201-208 (1985)

101. Durgutlu, A., "Ark Kaynağı Yöntemlerinde Kaynak Hızının Mikroyapı ve Nüfuziyete Etkisinin İncelenmesi", Yüksek Lisans Tezi, ***Gazi Üniversitesi. Fen Bilimleri. Enstitüsü***, 45-60 (1997).

111. Glover, A. G., Grath, J. T., "The Influence of Cooling Rate and Composition on Weld Metal Microstructures in a C/Mn and HSLA Steel", ***Welding Journal***, 267-273 (1977).

112. Oddy, A. S., Mcdill, J. M. J., Root, J. H., Braid, J. E. M., and Marsiglio, F., "Measurement, Variability and Prediction of residual Stresses in Weaved Repair Welds" ***Matematical Medelling of Weld Phenomena,*** 5:529-548 (2001)

Kolibri 360 GmbH
Ferdinand-Jühlke-Straße 7
99095 Erfurt, Deutschland
produktsicherheit@kolibri360.de

Druck:
CPI Druckdienstleistungen GmbH
im Auftrag der
Kolibri 360 GmbH
Ferdinand-Jühlke-Str. 7
99095 Erfurt